絶景・秘境に息づく
世界で一番美しい
ペンギン図鑑

The most beautiful photographs of Penguins
edited by Hiroya Minakuchi & Atsushi Nagano

水口博也・長野 敦 編著

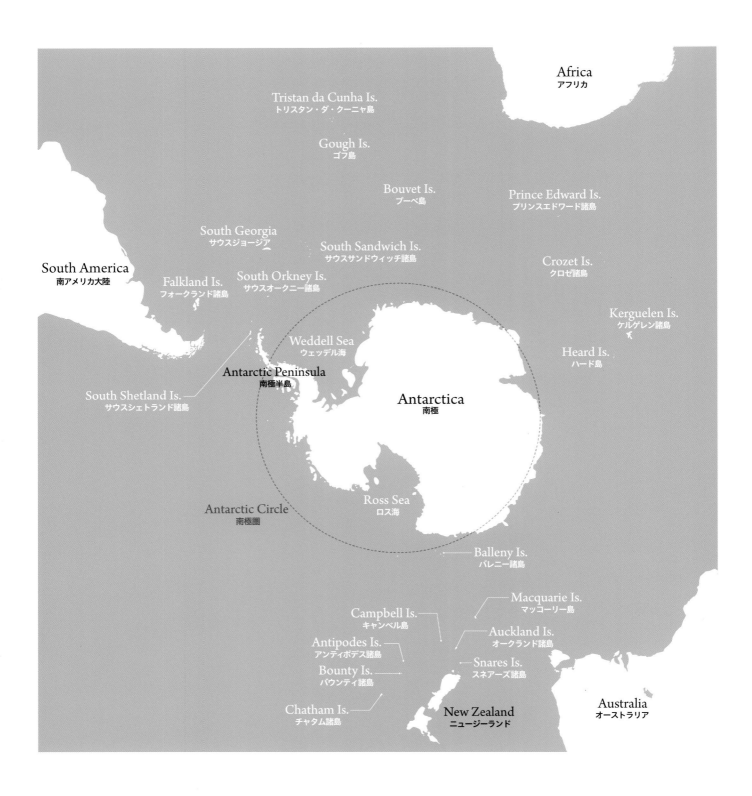

contents

寄稿
ペンギンはどう進化してきたか　安藤達郎 —— p.14
Evolutionary History of Penguins

New Zealand and its Subantarctic Islands ニュージーランドと亜南極の島じま —— p.20

Field Report
ニュージーランドの外来動物とペンギン　長野 敦 —— p.34
Introduced Animals and Penguins in New Zealand

Macquarie Island マッコーリー島 —— p.36

South Africa 南アフリカ —— p.52

South America 南アメリカ —— p.56

Falkland Islands フォークランド諸島 —— p.64

South Georgia サウスジョージア —— p.86

Antarctic Peninsula and South Shetland Islands 南極半島とサウスシェトランド諸島 —— p.106

Field Report
激減する南極半島のアデリーペンギン　水口博也 —— p.126
Population Trends of Penguins in Antarctic Peninsula

Territories of Emperor Penguins コウテイペンギンの世界 —— p.128

寄稿
ペンギンの行動と生態　綿貫 豊 —— p.148
Life of Penguins

各種紹介 —— p.152
Penguin's *Profile*

あとがき —— p.158
Epilogue

扉および目次　サウスオークニー諸島
で、氷山のうえで休むヒゲペンギン。
(扉) Wolfgang Kaehler/Age fotostock
(目次) AnnaHappy/Shutterstock.com

南極大陸をとりまいて南極環流がめぐりはじめたのは3400万年前のこと。
この海流は温かい水塊が南極大陸に近づくのを妨げることで、南極大陸を氷の大陸に変えた。
南極大陸から流れでる冷水塊と、北方からの温かい水塊が出会う南極前線の誕生は、
膨大な生物の群れを生みだし、南大洋を地球上でもっとも豊かな海域にした。
(ウェッデル海から流れでた巨大な氷山に休むヒゲペンギン。Mint Frans Lanting/Mint Images/Age fotostock)

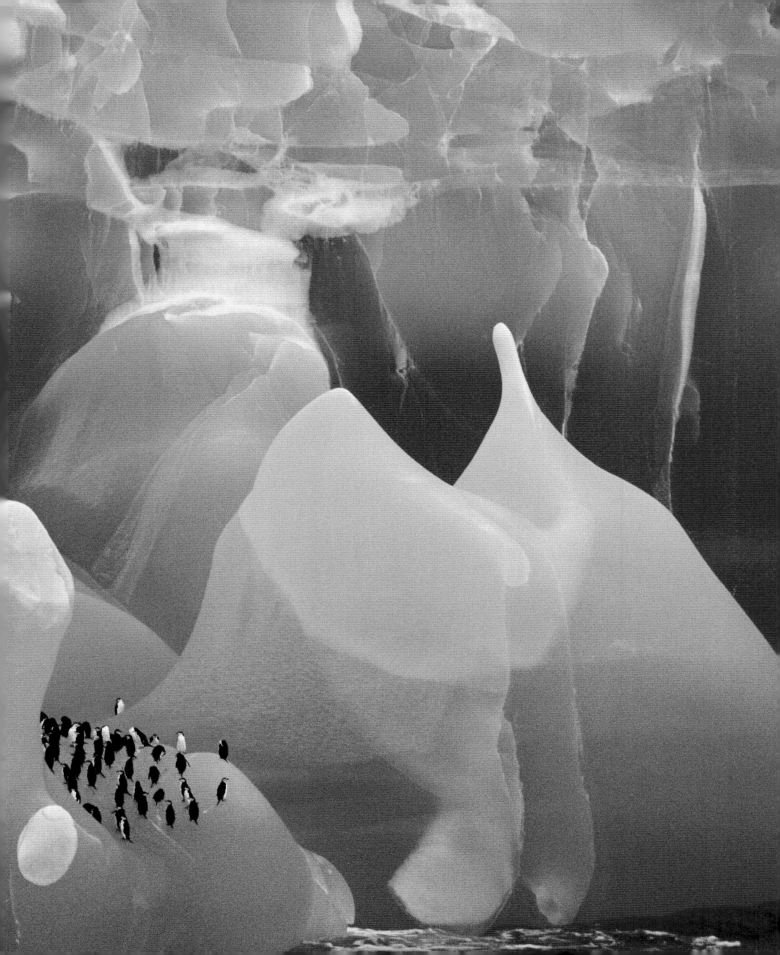

ペンギンのなかで、氷上で生まれ育つのはただ1種コウテイペンギンのみ。
南極大陸や周辺の島じまをとりまいて広がる海氷（定着氷）こそが、
コウテイペンギンたちにとってのゆりかご。
巣だつべき南極の盛夏までに、定着氷が割れたりとけたりすれば、
彼らの未来はなくなってしまう。
（スノーヒル島の繁殖地で生まれたコウテイペンギンのヒナ。
Daisy Gilardini/Alaska Stock Images/Age fotostock）

体を寄せあって暖をとるコウテイペンギンのヒナたち。
そして、ヒナたちを烈風から守るように、周囲を親鳥たちが囲う。
極寒の氷上に生きる動物たちに見るのは、
生への強い意志と、思慮さえ感じさせる仲間とのつながり。
(ウェッデル海。Frans Lanting/Mint Images/Age fotostock)

フォークランド諸島は風の国。海からの風に舞う砂塵は、
まるで全体がひとつの巨大な魔物のように、まわりの風景をのみこんでいく。
ふいに海から現れたのは、オウサマペンギンの一群。
そのとき風がやむと、巨大な生物は姿を消し、
ペンギンたちの姿も海の風景も、すべてが鮮やかに目の前に蘇った。
(東フォークランド島、ボランティア岬で。N)

1日最後の輝きを放って沈みゆく太陽が、
育ちゆくジェンツーペンギンのヒナたちを照らしだす。
海から帰ってきた親鳥と鳴き交わすヒナが夕陽の光芒を横切ったとき、
その柔らかげな綿羽に透けた太陽が、光の輪郭を描きだした。
(フォークランド諸島、シーライオン島で。N)

ペンギンはどう進化してきたか
Evolutionary History of Penguins

安藤達郎
（足寄動物化石博物館）

恐竜から鳥へ、鳥からペンギンへ

　ペンギンとは鳥でありながら空を飛ぶことをやめ、代わりに翼を使って水中を移動するようになった鳥である。鳥類の歴史の中では、ペンギンのような鳥（ペンギン様鳥類）は、4つのグループが知られている。ペンギンモドキ類、ルーカスウミガラス類、オオウミガラス類、そしてペンギン類である。これらのなかで、ペンギンが最初に出現し、もっとも大型化し、もっとも種類が多く、唯一生き残っている。そんなペンギンの進化に関しては、化石を調べる古生物学と、DNAを調べる分子生物学によって、近年多くのことが明らかになってきた。

　ペンギンは鳥類であり、鳥類は中生代に栄えた恐竜から進化した。恐竜はおよそ2億4000万年前から6600万年前にかけて『地上の支配者』であり、後に空の覇者となる鳥類をも生みだしたのである。

　『最初の鳥』とされている始祖鳥が生きていたのは、約1億5000万年前、中生代のジュラ紀である。鳥類はこのころに「翼を用いて流体中を移動する」ことをはじめた。空を飛ぶ鳥の場合、「流体」とは空気のことだが、ペンギンの場合は「水」である。

　『恐竜』から鳥が生まれ、さまざまな環境に進出しながら新しいグループを生みだしていった。海に進出したものもいたが、ペンギンの誕生には現生鳥類の出現を待たなければならなかった。

鳥のペンギン化

　最古のペンギン化石は、新生代の初期、約6200万年前の地層から発見されたワイマヌ（*Waimanu* spp.）である。ワイマヌは空を飛べず、翼で水中を推進する鳥であり、私たちが現在知っているペンギンに近い姿をしていた。

　ペンギンは遅くとも6200万年前には存在していたが、分子生物学ではもう少し早い時期、白亜紀後期に他の鳥から枝分かれしたと推定している。ただし、他の鳥から枝分かれしたばかりの『ペンギン』は「空を飛ぶ鳥」であった可能性がある。その後、6200万年前までには空を飛ぶ力を失い、翼で泳ぐ鳥になったのである。

　現在生きている鳥で、ペンギンにもっとも近縁なのは、ミズナギドリやアホウドリであり、ペンギンが空を飛ぶ鳥から進化したこと（鳥のペンギン化）はさまざまなデータが示している。鳥がペンギン化していく段階には三つのプロセスがある。

　第一段階では、『鳥』が『海鳥』として生息環境や餌を海に依存するようになることである。この段階では翼は空を飛ぶためだけに使われる。現生の鳥ではカモメやミズナギドリがその代表である。

　第二段階では『海鳥』が、空を飛ぶ力を保ったまま、翼で海に潜るようになる。翼は空を飛ぶためと、海で潜水するための両方に使われる。現生の鳥ではウミガラスがこの段階にあたる。

　第三段階では、海に潜るようになった海鳥が飛ぶ力を失い、翼は海中での移動のためだけに使われる。ペンギンをはじめとする「ペンギン様鳥類」がこの段階にあたる。ペンギンが「空を飛べない鳥」であることを考えると、ペンギンが私たちのよく知っている姿になったのはこの段階であるといえよう。

オオウミガラス
©J. G. Keulemans

最古のペンギン、ワイマヌ
©Geology Museum, University of Otago

ペンギン化のタイミング

　ペンギンの出現した時期（白亜紀後期から新生代の初期）と前後して、生物の五大絶滅の一つである『白亜紀末の大量絶滅』が起こっている。大型の生物では恐竜類（鳥類をのぞく）、アンモナイト、クビナガ竜やモササウルス類などの大型の海生爬虫類などが絶滅し、大型のサメ類も種数を大きく減らした。鳥類も現生鳥類以外の古いタイプの鳥類は絶滅している。

　ペンギンが第二段階の「空を飛ぶ鳥」として白亜紀後期に生息していたとすると、この白亜期末の大量絶滅は、鳥の『ペンギン化』に大きな役割を果たしたのかもしれない。この絶滅イベントによって大型の捕食者が姿を消したことは、海に潜る海鳥にとって「天敵」がいなくなったことを意味し、空を飛んで逃げる必要がなくなるからである。

　第二段階の『海鳥』が空を飛ぶ必要がなくなると、彼らは翼を水中での移動用に特殊化させることができる。さらに、空を飛ぶために軽く、小さく保つ必要のあった体を大型化させることができ、酸素消費・体温調整の点で効率のよい潜水が可能になる。「天敵」を激減させた白亜紀末の大量絶滅はペンギン化の絶好のチャンスであった。

ペンギンの起源

　ペンギンは南半球に生息している海鳥であるが、化石もすべて南半球から産出しており、ペンギンは南半球固有の鳥である。南極のイメージが強いが、じっさいには南半球に広く分布しており、その生息域は、南極大陸、南極・亜南極の島じま、ニュージーランド、オーストラリア、アフリカ南部、南アメリカにおよぶ。ペンギン化石の産出地は現生ペンギンの生息域と重複しており、過去から現在にかけて、南半球に広く分布していたことがわかる。もっとも古い時代のペンギン化石が産出しているのはニュージーランドであり、南極半島のシーモア島がそれに次ぐ。

　南半球の陸地は現在でこそそれぞれ遠く離れているが、過去にはインド亜大陸を加えて、ゴンドワナ大陸という巨大な大陸を構成していた。ペンギンが出現したと考えられる白亜紀後半から新生代の初期にかけては、ゴンドワナ大陸はすでに分裂をはじめていたが、オーストラリア・南極大陸・南アメリカはまだつながっていたと考えられている。

　ニュージーランドは現在よりもっと高緯度にあり、南極半島とともにゴンドワナ大陸の太平洋側に位置していた。化石記録から判断すると、ペンギンが出現したのは、ゴンドワナ大陸の太平洋側の海域であり、ニュージーランドがその中心であった可能性は高い。

初期のペンギンの生態

　最古のペンギン化石であるワイマヌからは、誕生したてのペンギンの生態がうかがえる。くちばしは真っすぐであり、魚や軟体動物を捕食したのだろう。翼は

最大のジャイアントペンギン、ケルコウスキペンギン。
© Dra. Carolina Acosta Hospitaleche/ Pablo Motta

長く鋭いクチバシを持つイカディプテス（上）と、羽毛の痕跡を残す唯一の化石ペンギンであるインカヤク（下）。

現生のペンギンとくらべると長めで華奢である。翼を振り下ろす力はすでに強力だったが、翼を振り上げる力は現生のペンギンと比較して弱かったようである。

現生のペンギンは翼を振り上げる力も強く、翼の振り上げと振り下げの両方で推進力を得ることができる。効率よく推進できるため、潜水だけでなく遠距離遊泳もこなす。初期のペンギンたちの推進力は現生のペンギンほど強くはなかったようであり、長距離遊泳は得意ではなかった可能性がある。

一方、カカトの部分にあたる骨（足根中足骨）は細長く、かつ空を飛ぶ海鳥の特徴を残しており、水かきを使って推進力を得ていた可能性がある。水面での遊泳では足による補助があったのかもしれない。

初期のペンギンたちの移動能力は、現生のペンギンには劣っただろうが、新生代の初期は白亜紀末の大量絶滅によって多くの海生爬虫類と大型のサメ類が姿を消した時期であり、後にペンギンの競争者・捕食者となるクジラやアシカなどの海生哺乳類もまだ姿を現していない時期である。後に激化する「天敵」との競争に関しては穏やかな時代であった。

ジャイアントペンギンへの道

現生のペンギンで最大のものは南極に生息するコウテイペンギンで、体高は1m15cmほど、ヒトの幼児から小学生程度の大きさであるが、かつては巨大なペンギンたちが存在していた。化石ペンギンの中でコウテイペンギンよりも大きなものはジャイアントペンギンとよばれ、最大のケルコウスキペンギン（*Palaeeudyptes klekowskii*）は体高170cm、体長は2mに達していた。現生のペンギンと比較すると、まさに大人とこどもである。

生物は進化の過程で大型化することが多いとされている（コープの法則）。大型化することが競争を有利にすると考えられるからである。潜水する動物の場合も、酸素の効率的な貯蔵や体温の維持のためには、体サイズが大きいほうが有利なため、多くのグループで大型化の傾向が見られる。6200万年前に生息していた最古のペンギン、ワイマヌはエンペラーペンギンよりも小さく、ペンギンの進化においても大型化が起こったことがわかる。

ジャイアントペンギンの世界

ジャイアントペンギンは、およそ5500万年前から2000万年前まで存在し3400万年前を境にやや小型化している。ニュージーランド、南極、南アメリカ、オーストラリアから発見されており、もっとも古いものはニュージーランドのクニマヌ（*Kunimanu biceae*）、最後まで生きのびたものはオーストラリアのアンスロポディプテス（*Anthropodyptes gilli*）である。

この時代にペンギンたちは、アフリカ南部をのぞく南半球のすべての地域に進出し、高緯度地域から低緯度地域まで分布した。すべてのペンギンが巨大だっ

上　ニュージーランドで栄えた後期のジャイアントペンギン、カイルク。
© Geology Museum, University of Otago
右　泳ぐカイルク
© Geology Museum, University of Otago

たわけではなく、小型や中型のペンギン化石も発見されている。ペンギンが生態系の中で占める位置は、現在よりも大きかったのである。

　ジャイアントペンギンの暮らしは現在のペンギンと同一というわけではなかったようだ。南アメリカの3600万年前の地層から発見されたイカディプテス（*Icadyptes salasi*）は、細長いくちばしを持っており、現在のヘビウのように魚をくちばしで突き刺して捕らえていた可能性がある。

　同じく南アメリカのインカヤク（*Inkayaku paracasensis*）には、羽毛の痕跡が保存されており、化石ペンギンの体色が初めて明らかになった。インカヤクの体色は現生ペンギンのような黒と白ではなく、灰色と赤茶色であったのである。私たちが見なれている黒と白のカラーリングは、もっと新しい時代のペンギンの特徴なのかもしれない。いずれにせよ一部の化石ペンギンの色は現在のペンギンとは異なっていたことは確かである。

　また、2500万年前のニュージーランドに生息していたカイルク（*Kairuku* spp.）は、骨格のプロポーションが現在のペンギンとは異なっており、翼の使い方が異なっていた可能性がある。

ジャイアントペンギンの絶滅

　ジャイアントペンギンの絶滅に関してはいくつかの説が提唱されており、現在のシャチのような大型のハクジラによる捕食説やアザラシなどとの繁殖場所をめぐる競争説などがある。残念ながらこれらの説は十分に検証されることはなく、2014年に新たな仮説が提唱されるまでジャイアントペンギンの絶滅は謎のままであった。

　ペンギンの種類数の変化を調べると、ジャイアントペンギンたちが姿を消した2000万年前にむかって、ペンギンの種類の数が急速に減少していることがわかった。2800万年前から2000万年前にかけて、まずジャイアントペンギンが姿を消し、その後小型の種類も減少し、化石ペンギンの多くが絶滅した。北半球では同じ時期に、ジャイアントペンギンに匹敵する大きさの巨大なペンギンモドキが姿を消し、その後すべてのペンギンモドキが絶滅した。

　他の海洋生物の変化を調べてみると、ジャイアントペンギンや巨大なペンギンモドキの急速な減少と同時

ジャイアントペンギンと同時期に北半球で栄えたペンギンモドキ。
© 新村龍也＆足寄動物化石博物館

プラティディプテス。強力な遊泳能力を持ちつつも
ジャイアントペンギンと同時期に絶滅した。
© Geology Museum, University of Otago

期に、クジラやアザラシなどの海生哺乳類が種類を増やしたことがわかった。この変化は北太平洋と南太平洋の両方で起こり、とくに現生クジラの一員であるハクジラが急速に増加していた。このことからジャイアントペンギンやペンギンモドキの絶滅に、ハクジラの関与が疑われる。この時代のハクジラとジャイアントペンギンは同じ種類の餌を食べていたはずであり、ジャイアントペンギンにハクジラとの餌をめぐる競争に破れ姿を消してしまったと考えられる。

ハクジラの出現は3400万年前に南極大陸が他の大陸から切り離すされたことによる海洋環境の大変動が原因とされているが、ジャイアントペンギンはこの大変動を乗りこえつつも、大変動によって生まれた新しいグループには対応できなかったのだ。

ペンギンの現代化

ジャイアントペンギンが姿を消していったころ、ペンギンは試行錯誤を重ね現生ペンギンへの道をたどっていったようである。3000万年前から2000万年前ごろの化石ペンギンの上腕骨（翼のつけ根の骨）にはさまざまな違いが見られ、形態の多様性が高かった。一方、現生のペンギンでは、大きさとプロポーションの違いはあるものの、上腕骨の基本的な形態は非常によく似ている。

形態の違いは機能の違いにつながり、機能の違いは生態の違いにつながる。この時代の化石ペンギンの形態の多様性は、遊泳機能と生態に何らかの差異があったことを暗示する。ハクジラをはじめとする海生哺乳類が繁栄し、ジャイアントペンギンや巨大なペンギンモドキを絶滅に追いやっていた時期に、一部のペンギンは生き残りをかけてさまざまな試行錯誤を繰りかえしていたようだ。

たとえば2500万年前のニュージーランドには、強力な翼と細長いクチバシをもつプラティディプテス（*Platydyptes* spp.）が生息し、海生哺乳類に対抗していたようである。また、この時代には部分的に現代的な特徴をもつ化石ペンギンがいくつも出現しており、これらの化石ペンギンから現生ペンギンが出現したのである。

現生ペンギンの登場

ジャイアントペンギンの絶滅をへて、ペンギンは新しい環境への適応を進め、現生ペンギンが出現する。現生ペンギンとは、現在生きているペンギンと共通する特徴をもつグループで、すでに絶滅した種類も含んでいる。2007年に最古の現生ペンギンのひとつであるミュイゾニペンギン（*Spheniscus muizoni*）が1300万年前（後に900万年前と判明）の南米の地層から発見され、遅くともこの時代までには現生ペンギンが出現していたことが明らかになった。

2017年には化石記録のデータと分子生物学のデータを組み合わせる手法で現生ペンギンの出現時期が約1300万年前と推定された。化石記録が示す出現時期と非常に近い値であり、現生ペンギンの出現時期としては現時点でもっとも信頼できる値である。

現生ペンギンと化石ペンギンの生息地が重なるため、南半球各地の現生ペンギンが、それぞれの場所で化石ペンギンから進化してきたように思えるが、じ

つはそうではなく、ペンギンは何回にもわたって南半球各地への進出を繰りかえしてきた。

現在のペンギンの繁栄を支えているのは、潜水・遊泳により適した翼、内陸の繁殖地まで移動できる強力な足、寒冷な海域に豊富なオキアミ食など、過去の化石ペンギンにはなかったものであり、海生哺乳類との競争の結果獲得したのだろう。

現生ペンギンの起源

現生ペンギンの化石がもっとも多く発見されているのは南アメリカであり、現生最古のミュイゾニペンギンも南アメリカから発見されている。化石記録は現生ペンギンの起源が南アメリカであることを示しているが、分子生物学では、南極に生息するペンギンたちも早い時期に出現したと推定しており、現生ペンギンが南極に起源をもつ可能性も示している。

両者の仮説を満たすのは、南アメリカの南端と南極半島の間、ドレーク海峡と周辺の島じまを含む海域である。この海域は、生物生産性が非常に高く、中緯度に進出したペンギンをのぞくすべてのペンギンのグループが生息している。この海域は現生ペンギンの分布に大きな枠割を果たした南極環流の通り道でもあり、現生ペンギンの誕生の地（海）としてはもっとも可能性が高い。

現生ペンギンの分布

誕生からその後、現生ペンギンは、南極大陸の周囲を東むきに流れている南極環流と、南極環流に接続している海流を利用して南半球の各地に分布を広げていった。たとえば、コウテイペンギンやアデリーペンギンは南極環流を利用して南極とその周辺に分布を広げ、フンボルトペンギンやガラパゴスペンギンは、南アメリカの西岸を北上するフンボルト海流を利用して分布を広げたのだろう。

現生ペンギンには6つのグループ（属）がある。コウテイペンギン属、アデリーペンギン属、イワトビペンギン属、キガシラペンギン属、フンボルトペンギン属、コガタペンギン属である。それぞれのグループのペンギンには、特定の地理的な分布があり、現生ペンギンは地理的な分布を拡大する中で現在のグループに分かれていったと考えられる。

現生ペンギンが現在の種類とそれぞれの生息地に落ち着くまでにはさまざまな変化があった。ニュージーランドからは現在は生息していないコウテイペンギン属やアデリーペンギン属の化石が見つかっているし、南アメリカにはオウサマペンギンほどの大きさのフンボルトペンギン属の化石ペンギンも存在した。アフリカ南部には現在よりも多様なペンギンの世界を示す化石が見つかっている。

終わりに

ペンギンの進化の歴史は6000万年を越え、空を飛んでいた時代を含めるとさらに長い歴史を持っていたことは間違いない。その長い歴史の中で、ペンギンは「変化」を通じて生きのびてきた。空を飛ぶ力を失い、体を大型化させ、翼を洗練させ、食性を変化させ、新たな生息地に進出した。ペンギン以外の「ペンギン様鳥類」がすべて絶滅した中で、そのような「変化」によって生きのびてきたのである。「変化すること」が進化する生物の特性だとしても、ペンギンたちの「変化」には目をみはるものがある。

現在という時代は、人間が原因とされる「大量絶滅」が進行中であり、一部のペンギンはその影響をまぬがれないかもしれない。だが、ペンギンの進化を通じて見える彼らの生き残りのための「変化」の力はたくましく、彼らの未来は明るいと信じたい。

（あんどう・たつろう　古脊椎動物学）

換羽中のキガシラペンギン。ペンギンは1年に1回、新しい羽を手にすることで羽毛の防水効果を保つ。キガシラペンギンは別名キンメペンギンとも呼ばれ、その名のとおり金色の目を持つ。
Max Allen/Shutterstock.com

New Zealand and its Subantarctic Islands

ニュージーランドと亜南極の島じま

ニュージーランド南島のさらに南方、亜南極の海域に小さな島じまが点在する。
北島、南島をふくむこれらの島じまは、
太古より大陸から分かれたために、独特の生態系をつくりあげてきた。
南島の森林で営巣するフィヨルドランドペンギンや、亜南極の絶海の孤島で営巣する
シュレーターペンギンやスネアーズペンギンなど、
4種のペンギンを含む固有の動植物の宝庫でもある。

New Zealand
ニュージーランド

Banks Peninsula
バンクス半島

Snares Is.
スネアーズ諸島

Auckland Is.
オークランド諸島

Campbell Is.
キャンベル島

21

Yellow-eyed Penguin

p.22　ニュージーランド南島南部と亜南極の島じまのみに生息するキガシラペンギン。限られた分布域と、そこに人が持ちこんだイヌやオコジョなどによる捕食によって個体数が激減、現在生息するのは二千数百ペア。IUCN のレッドリストで絶滅危惧種に指定されている。
オークランド諸島、エンダービー島で。(N)

p.23 上　ニュージーランドの亜南極の島じまには、メガハーブと総称される固有の植物が分布する。夏のはじめ、満開のメガハーブの花畑のなかを歩くキガシラペンギン。彼らは日中に海で採餌し、夕方になると上陸して、繁殖地から遠く離れることはない。
オークランド諸島、エンダービー島で。(N)

p.23 左下　キガシラペンギンは沿岸部の森林で営巣し、卵を2つ産む。写真の木のうろのなかに、2羽のヒナの姿が見える。ニュージーランドの南島では夏期の高気温がヒナの生存を脅かすが、亜南極の島じまではその問題は少ない。
オークランド諸島、エンダービー島で。(N)

p.23 右下　通常の体色のキガシラペンギンとアルビノ個体。他のペンギンでもアルビノ個体は稀に観察される。
オークランド諸島、エンダービー島で。
Kevin Schafer/Minden Pictures/Age fotostock

Fjordland Penguin

ニュージーランド南島南西部に広がる湿潤な森は昼間でも薄暗く、林床にはシダやコケが鬱蒼と茂る。深い森を歩き、荒波が浜を洗う音が聞こえてきたとき、私の5mほど前に1羽のペンギンが立っていた。それはまさに、暗い森に突如現れた妖精のようだった。フィヨルドランドペンギンは森に住むペンギンとしても知られ、森のなかで冬から春にかけて子を育てる。一方、同様にニュージーランド南島に生息するキガシラペンギンも森のなかで子を育てるが、時期が異なり春から夏にかけてだ。近年、夏季の高気温が原因と考えられるヒナの死亡例が報告され、問題となっている。フィヨルドランドペンギンは、その繁殖期を考えると同様の問題は発生しないだろう。繁殖期の違いでこうした明暗が分かれるのは、地球温暖化が懸念される現代の問題でもある。(N)

上　森の営巣地から海に向かうフィヨルドランドペンギン（キマユペンギン）。同じルートを通って移動するため、繁殖期終盤にあたる11月末に通路の側で座っていると、ペンギンたちがつぎつぎに行き交った。
ニュージーランド南島 ウェストランド (N)

左　海での採餌を終え、営巣地に戻るフィヨルドランドペンギン。上陸直後の海岸には隠れ場所がないためか、あたりを何度も見渡しながら歩いていく。
ニュージーランド南島 ウェストランドで。(N)

p.25　体を震わせて水を飛ばすフィヨルドランドペンギン。このあと、くちばしを尾羽のつけ根の尾脂腺につけ、防水効果のある分泌物を体中に塗っていた。
ニュージーランド南島 ウェストランドで。(N)

Little Penguin

p.26 上　巣穴から顔をのぞかせるコガタペンギン。海岸沿いの草地や斜面につくった巣穴で、卵を2つ産む。場所によって産卵は、年間を通して行われる。
オーストラリア、タスマニアで。
Tui de Roy/Minden Pictures/Age fotostock

p.26 下　上陸後、集団で巣に戻るコガタペンギン。別名ブルーペンギンとも呼ばれ、光のあたり方によって羽毛が青く見える。また他のペンギンと違い、直立せず、やや前傾姿勢で歩くことが多い。
オーストラリア、ヴィクトリアで。
Tui de Roy/Minden Pictures/Age fotostock

p.27 上　採餌を終えて上陸したコガタペンギンの集団。他のペンギンと違い、日没前に上陸することはない。
オーストラリア、ヴィクトリアで。
Fred Bavendam/Minden Pictures/Age fotostock

p.27 下　上陸直後のコガタペンギンが水ぎわにたたずむ。世界で最小のペンギンで、成鳥でも体長40cmほど。
オーストラリア、カンガルー島で。(M)

27

Erect-crested Penguin

p.28-29　営巣地の周辺部に巣を構えるシュレーターペンギンのペア。本種はニュージーランドの、訪れることがむずかしい亜南極の2島のみに分布するため、目に触れる機会は少ない。
アンティポデス島で。Tui de Roy/Minden Pictures/Age fotostock

p.30　マカロニペンギン属のペンギンはいずれも冠羽を持つが、逆立った冠羽を持つのはシュレーターペンギンのみだ。
アンティポデス島で。De Agostini Picture Library/De Agostini Editore/Age fotostock

p.31 上　オークランド諸島に分布するイワトビペンギン（ヒガシイワトビペンギン）。メガハーブの花が咲き誇る岩場を歩く。イワトビペンギンの種名 *chrysocome* とは「金髪の」を意味する。(N)

p.31 下　ヒガシイワトビペンギンは、フォークランド諸島などで見られるミナミイワトビペンギンとくらべて冠羽が長い。ニュージーランドの亜南極の島では個体数が激減、大きな群れを見かけることは少ない。オークランド諸島で。(N)

Rockhopper Penguin

31

スネアーズ諸島は「吠える40度」と呼ばれる荒れる海域にあり、西からの強い卓越風がやむことなく島に吹きつける。この風が、西部には荒涼とした岩場を、風の陰になる東部には森をつくって、景観の違いを生んだ。

東部の沿岸にボートを走らせると、周辺の岩場、近くの海面に多くのスネアーズペンギンがいるのが目に入る。ボートが近づいてもペンギンたちは臆することなく、逆にむこうから近づいてくることもある。カヤックを使えば、すぐ真横にまで来ることもあり、好奇心の強さがうかがえる。

スネアーズペンギンは、以前フィヨルドランドペンギンの亜種と考えられたほど形態が似ている。しかし行動や性質はずいぶん異なる。前者は好奇心が強く、後者は警戒心が強く臆病である。絶海の孤島と巨大な島の森林いう環境の差が、このような違いを生んだのだろうか。(N)

Snares Penguin

上　スネアーズペンギンの上陸ポイント。島の水ぎわの岩場にはケルプが生い茂るが、ペンギンが頻繁に行き交うため、上陸ポイントにはほとんど生えていない。営巣地は岩の斜面のさらに上にあり、巣にたどり着くにはまだ長い道のりがある。
スネアーズ諸島で。Juniors Bildarchiv/Age fotostock

中　海岸のケルプの間をかきわけながら泳ぐ。
Auscape/Universal Images Group/Age fotostock

下　水中をいくスネアーズペンギン。高速で泳ぐと、羽毛のあいだに含まれていた空気が、銀色の泡の軌跡を海中に描きだす。
RichardRobinson/Cultura RM/Age fotostock

p.33　上陸するスネアーズペンギンの群れ。繁殖期終盤にあたる12月末、多数のペンギンが陸と海を往復していた。
スネアーズ諸島で。(N)

Fierld Report

ニュージーランドの外来動物とペンギン
Introduced Animals and Penguins in New Zealand

長野 敦

ニュージーランドの固有種をとりまく環境

太古に大陸より分離したことから、ニュージーランドには独特の生態系が築かれており、さまざまな固有の動植物が生息する。とくに哺乳類では、コウモリ類以外が生息していなかったことから、他所では陸生哺乳類が担うニッチを鳥類が占める。そのため、キーウィやフクロウオウムといった飛べない鳥も多く見られる。

現在、これらの固有の鳥を観察するのは容易ではない。外来動物の影響により数が激減、あるいは駆逐されたからだ。なかには、現在百数十羽しか生き残っていない種もある。

人類がニュージーランドに到達して以降、さまざまな哺乳類が意図的・非意図的に持ちこまれた。イヌやネコはもちろん、ネズミ、オコジョ、テン、イタチ、シカ、ヒツジ、ブタなど、種類は多岐にわたる。飛べない鳥なら、成鳥であっても卵やヒナと同様に簡単に捕食されただろう。

そのためニュージーランドでは、特定の島や地域から天敵となる外来動物を駆除し、そこに在来種を放ち、保護、個体数の維持が図られている。私は10年ほど前から、毎年ニュージーランド各地で動植物を観察しているが、固有種を観察できたのはこうした場所が多い。

近年、亜南極にあるキャンベル島や（オーストラリア領の）マッコーリー島では大規模なプロジェクトによって、ネズミなど外来動物の駆除に成功している。私がキャンベル島を訪れたのは駆除宣言が出された後だったが、そこで、キャンベル島にのみ生息する飛べない鳥を2種観察する機会があった。それはコバシチャイロガモ（Campbell Island teal）とムカシジシギ（Campbell Island snipe）である。

これらの鳥は外来動物が駆除される前には、キャンベル島では絶滅しており、周辺の小島にそれぞれ数十羽が残るだけだったという。2種は駆除宣言後、キャンベル島にも復活し、現在はある程度の個体数に回復している。

ニュージーランド固有のペンギンたち

キャンベル島などの亜南極の島は絶海の孤島であり、一度外来動物を駆除できれば、ふたたび持ちこまれない限り従来の環境を維持しやすい。一方、広大な島やニュージーランド本土から外来動物を駆除するのは、相当な困難がともなう。とはいえ、ニュージーランドでは在来動物や植物の保護活動が精力的に行

キャンベル島の固有種。飛べないコバシチャイロコガモ（上）とムカシジシギ（下）。

われているのも確かだ。

　ニュージーランド本土に生息するペンギンにはフィヨルドランドペンギン（キマユペンギン）、キガシラペンギン（キンメペンギン）、コガタペンギンとハネジロペンギンが生息するが、いずれの種も個体数が減少しており、観察できる場所は限られる。なかでもフィヨルドランドペンギンは、分布が南島の南西部に限られ、個体数も少なく、観察は他種とくらべてもかなりむずかしい。

　以前訪れたフィヨルドランドペンギンの生息地では、トラップを設置して外来動物を捕獲したり、外部からのペットの持ちこみを規制することで（完全ではないものの）外来動物の数が極力抑えられている。と同時に、ある程度の個体数も維持されており（とはいえ繁殖可能なのは50番い程度）、繁殖の成功率も高いと考えられている。

　じっさい、現地で一回につき2時間程度の観察を何度か行ったが、毎回10〜15羽程度の親鳥が、ヒナの給餌のために海と巣のある森を行き来するのを確認できた。この数は大規模なコロニーを形成する他のペンギンと比較すると大きい数ではないが、外来動物のコントロールがされず卵やヒナがオコジョの捕食の被害をうけている場所にくらべれば、よく観察できる

保護地域を訪れると外来動物（とくに影響の大きいネズミ類）やそのトラップへの注意喚起の掲示を随所で見かける。

外来動物が駆除された場所で生き残るフィヨルドランドペンギン。

海岸の灌木のあいだに設置されたコガタペンギンの巣箱。

状況だといえるだろう。

　じっさい私自身、フィヨルドランドペンギンの分布域には何度も足を運んでいるが、上記以外の場所では観察できていない。ペンギンの個体数減少は、生息環境や餌生物の減少、漁業の影響などさまざまな要因がからみあうが、多大な影響をおよぼす直接的な原因は、やはり外来動物による捕食と思われる。

　ニュージーランドに生息するペンギン保護の対策は、外来動物にむけたものと同時に、植生の保護や環境保全等も含まれる。南島ではコガタペンギンの巣箱が、草や灌木の生い茂る海岸近くの斜面に多数設置されているのを見かけた。以前に訪れた際にはなかったものだが、じっさいにペンギンたちはそうした巣箱を利用しており、営巣場所をふやすという点で大きな意味があるだろう。

　外来動物への取り組みを含むさまざまな保護活動によって、ニュージーランドや亜南極の島じまのペンギンたちをとりまく環境がどう変化していくか、ぜひ観察しつづけたいと思う。

Royal Penguin

1羽のロイヤルペンギンが鳴きはじめると、他の個体も追従するように鳴きはじめる。
マッコーリー島全体で85万番いが繁殖する。
Brett Phibbs/Cultura/Age fotostock

マッコーリー島の陸上風景。たえず強風にさらされている為、木は生えず、島全体が草でおおわれている。アネアステーションで。(N)

Macquarie Island

マッコーリー島

Anare Station
アネアステーション

Sandy Bay
サンディ湾

Lusitania Bay
ルシタニア湾

Hurd Point
ハード岬

オーストラリア、タスマニア島から南東へ
およそ1500キロに浮かぶ絶海の孤島
マッコーリー島は、
インド・オーストラリアプレートと
太平洋プレートが衝突し、隆起してできた島だ。
ペンギン類やアホウドリなどの海鳥たち、
ミナミゾウアザラシなどの海獣たちの
重要な繁殖地であり、世界で唯一
ロイヤルペンギンが営巣をする島でもある。

Royal Penguin

p.38-39　盛夏に撮影したロイヤルペンギンの営巣地。おびただしい数のペンギンが隣りあうように営巣し、離れた場所にも鳴き声と糞の匂いを風が運んでいく。サンディ湾で。(N)

p.40　長くのびた黄金色の冠羽と白い顔が特徴のロイヤルペンギン。世界でもマッコーリー島でのみ繁殖し、他の場所ではほとんど見ることができない。
AndreAnita/Shutterstock.com

p.41 上　急いで上陸するロイヤルペンギンの小群。他種のペンギンでも同様だが、水際では捕食者を警戒するのだろう、浜の上まで駆けぬけることが多い。サンディ湾で。(N)

p.41 下　上陸中のロイヤルペンギンの幼鳥。成鳥の顔は白いが、幼鳥の顔は黒く、マカロニペンギンに酷似する。サンディ湾で。(N)

p.42 上　撮影中、水中カメラを覗きこむロイヤルペンギン。最後には撮影機材や撮影者の手を検分するように、くちばしでつつきまわしていった。サンディ湾で。(N)

p.42 下　ロイヤルペンギンは好奇心が強く、じっとしているとむこうから近づいてくることも多い。サンディ湾で。(N)

p.43 上　ロイヤルペンギンのハイウェイ。営巣地と上陸ポイントあいだは、多くの個体が同じ経路で移動するため、地面が踏みかためられ小径のようになる。
サンディ湾で。Brett Phibbs/Cultura/Age fotostock

p.43 下　ミナミゾウアザラシに行く手をはばまれたロイヤルペンギンの小群。12月末、換毛を行う多くのミナミゾウアザラシの若い個体が海岸に休む。サンディ湾で。(N)

オウサマペンギンの巨大営巣地。海岸線から島の中腹まで、コロニーで埋めつくされている。上陸できない場所で、海上からの観察になるが、届けられてくる鳴き声や匂いは相当なものだ。ルシタニア湾で。(N)

King Penguin

p.44-45　ロイヤルペンギンの群れに混ざるオウサマペンギン。マッコーリー島はオウサマペンギンにとっても重要な繁殖地で、島全体で10万羽以上が確認されている。サンディ湾で。(N)

海岸の濡れた浜が、歩くオウサマペンギンの姿を映しだす。マッコーリー島は雨の多い場所としても知られ、こうした好天に恵まれることは少ない。ヒガシキングペンギン（インドヨウキングペンギン）と呼ばれる亜種にあたる。サンディ湾で。(N)

海中をいくオウサマペンギンの群れ。海中には、彼らの羽毛に含まれていた空気が気泡になって、そこここでたち昇る。彼らはときに300m近くまで潜って、ハダカイワシなどの魚類や、イカ、タコの頭足類を捕食する。
Tui de Roy/Minden Pictures/Age fotostock

King Penguin

Gentoo Penguin

p.50 上　マッコーリー島は8万頭のミナミゾウアザラシが生息する。換毛は、彼らにとってもエネルギーが必要である一方、餌をとりに海に入ることができないため、極力動きを少なくして海岸でかたまってすごす。すぐ近くをオウサマペンギンが歩いても、反応さえしない。
アネアステーションで。(N)

p.50 下　マッコーリー島は大半が急峻な山であるため、オウサマペンギンやミナミゾウアザラシが利用できるのは、海岸に近い限られた場所になる。
サンディ湾で。(N)

上　草地で営巣するジェンツーペンギンのペア。マッコーリー島ではフォークランド諸島や南極半島にあるようなジェンツーペンギンの大規模営巣地はなく、小規模な営巣地のみが点在しているだけだ。アネアステーションで。(N)

下　12月末、すでに大きく成長したジェンツーペンギンのヒナと親鳥。親鳥はヒナと何度も鳴き交わしたあと、半分消化された小魚やイカ、甲殻類などを吐き戻してヒナに与えていた。アネアステーションで。(N)

South Africa

南アフリカ

アフリカ南西岸を北上する豊かな寒流
ベンゲラ海流に洗われる沿岸では、
卓越する南東風に押しだされるように表層水は沖に流され、
それをおぎなうように深層の海水が湧昇流となって
栄養分を海面に近くに持ちあげる。
こうして世界でも類まれな豊かな海洋生態系が広がり、
多くの海鳥や海獣類のくらしを育んでいる。

ATLANTIC OCEAN
大西洋

Republic of Namibia
ナミビア共和国

South Africa
南アフリカ

Cape Town
ケープタウン

African Penguin

上　いっせいに海岸に上陸するケープペンギン。
南アフリカ西岸とナミビア沿岸のみに生息する。
Sergey Uryadnikov/Shutterstock.com.

右　南アフリカ、ケープタウンに近いボルダービーチは、ケープペンギンをもっとも観察しやすい場所のひとつだ。(M)

African Penguin

p.54 上　ケープペンギンを含むフンボルトペンギン属のペンギンたちは、数羽で魚群のまわりをめまぐるしく泳ぎまわり、そのときに共通した黒白の縞模様で魚群の視覚を惑わせることで、群れからはぐれた魚を捕食すると考えられている。
Khan Follina/Shutterstock.com

p.54 下　アフリカ大陸最南端アガラス岬の夕暮れ。このあたりを東から西に流れるアガラス海流（一部が大西洋に入ってベンゲラ海流と合流）に洗われる海岸一帯に、ケープペンギンがもっとも色濃く生息する。
Steffen Foerster/Shutterstock.com

p.55 上　ケープペンギンは、近海の油汚染や漁業による餌生物の乱獲のため個体数が減少、IUCN のレッドリストで絶滅危惧種に指定されている。ボルダービーチで。
Martin Prochazkacz/Shutterstock.com

p.55 下　1回の営巣で2個の卵を産む。ヒナが成長し、餌の要求量が多くなって両親が採餌に出かけるようになると、ヒナたちはクレイシを形成してすごすようになる。
Matt Elliott/Shutterstock.com

Magellanic Penguin

マゼランペンギン最大のコロニーがあるアルゼンチン、トンボ岬で。9〜10月、繁殖のためにペンギンたちが集まりはじめる。(M)

フンボルトペンギン属のなかで、唯一マゼランペンギンだけが、胸にはっきりとした2本の黒い帯をもつ。
sunsinger/Shutterstock.com

South America
南アメリカ

ペンギンのなかには温帯域、熱帯域に生息するものも少なくない。
赤道直下に浮かぶガラパゴス諸島のガラパゴスペンギンや、
南緯5度以南に連なるペルーの海岸線に生息するフンボルトペンギン。
とはいえ、彼らの暮らしを支えているのは、
南アメリカ大陸の太平洋岸にそって北上する寒流
フンボルト海流がもたらす
恵みである。

Galapagos Is. — ガラパゴス諸島
Foca Is. — フォカ島
Cape San Juan — サンファン岬
Chiloé Is. — チロエ島
Península Valdés — バルデス半島
Tierra del Fuego — フエゴ島
Falkland Is. — フォークランド諸島

p.58 上　繁殖期には50万羽のマゼランペンギンが集まるトンボ岬で。空にむけてトランペットのような求愛の声を響かせる。
Ekaterina Pokrovsky/Shutterstock.com

p.58 下　1巣に2羽のヒナが生まれるが、第1ヒナと第2ヒナでは生存率が大きく異なる。トンボ岬で。
Ekaterina Pokrovsky/Shutterstock.com

p.59 上　マゼランペンギンは、フンボルトペンギン属のなかでは営巣地から遠くまで採餌にでかけるが、非繁殖期にはさらに外洋を広く回遊する。(M)

p.59 下　シャチが海岸に乗りあげてオタリアを襲う行動で知られるバルデス半島のプンタノルテ（北の岬）。海岸でシャチの狩りを待っているとき、ふいに上陸してきたマゼランペンギン。(M)

Magellanic Penguin

59

上　フンボルトペンギンは、もっとも北では ペルーの熱帯域、南緯5度にあるフォカ島に、 また大規模なものでは南緯15度のサンファン 岬に繁殖コロニーがある。
Kletr/Shutterstock.com

左　フンボルトペンギン属のペンギンに共通 して、カタクチイワシやマイワシなど群集性の 小魚を主に捕食する。
Hanner Damke/Shutterstock.com

p.61 上　フンボルトペンギンは、東部太平洋、 とくにペルー沖の海水温が上昇し、そのため にカタクチイワシなどの資源を激減させるエル ニーニョ現象にきわめて影響をうけやすい。
ostill/Shutterstock.com

p.61 下　近年は生息地の喪失、漁業による餌 資源の乱獲、海の汚染などによって個体数が 激減、現在の個体数は4万羽程度と見積もら れている。
Brian Maudsley/Shutterstock.com

Humboldt Penguin

Galapagos Penguin

赤道直下のガラパゴス諸島に生息するといっても、彼らの暮らしをささえているのは、南米大陸をはるか南方から流れくるフンボルト海流が赤道付近で西にむきを変えて流れる南赤道海流と、深層を西から東へ流れるクロムウェル海流が、ガラパゴス諸島にぶつかって生じさせる湧昇流がもたらす恵みである。この両方の海流は、エルニーニョ現象が生じれば勢いを弱め、ガラパゴス諸島をとりまく海の豊かさは一気に失われてしまう。

私が何度か訪れたうちで1997年の訪問は、ちょうど20世紀で最大規模といわれたエルニーニョの真っ最中。ガラパゴスアシカやガラパゴスオットセイなどの海獣類も、カツオドリ類やグンカンドリなどの海鳥たちも、ことごとく子育てや育雛に失敗した。そして、ガラパゴスペンギンたちも例外ではなかった。(M)

p.62 上下　小魚の群れを求めて泳ぐガラパゴスペンギン。諸島のなかでもクロムウェル海流による湧昇流が多く発生する西部に、採餌域や繁殖域が集中する。ともに wildestanimal/Shutterstock.com

p.63 上　陸上では太陽を背に、血管が体表に近いフリッパーを日陰にして体温の上昇を防ぐガラパゴスペンギン。さらに暑いときには、喘ぐようにして体温調節を行う。
Joseph Dube-Arsenault/Shutterstock.com

p.63 下　ガラパゴスペンギンは、かつて人間が諸島に持ちこんだイヌやネコ、ネズミ等による捕食、漁業による混獲、観光による影響などで激減、IUCNのレッドリストで絶滅危惧種に指定されている。すべてガラパゴス諸島のバルトロメ島で。(N)

Falkland Islands
フォークランド諸島

南アメリカ最南端に浮かぶフエゴ島から東北東へおよそ900キロ、南緯52〜53度の南大西洋に浮かぶフォークランド諸島は大きな東フォークランド島、西フォークランド島と200超の小さな島じまからなる。
それぞれがペンギン類や海鳥たちの特徴的な営巣地だが、人間によるネズミ等の移入から免れた僻遠(へきえん)の島じまに、より豊かに彼らの暮らしを見ることができる。

Steeple Jason Is.
スティープル・ジェイソン島

Carcass Is.
カラカス島

Saunders Is.
サンダーズ島

Pebble Is.
ペブル島

Volunteer Point
ボランティア岬

New Is.
ニュー島

West Folkland
西フォークランド島

East Folkland
東フォークランド島

Stanley
スタンレー

Sea Lion Is.
シーライオン島

King Penguin

フォークランドの首都スタンレーの町から2時間半ほど、悪路のドライブでたどりつくボランティア岬にあるオウサマペンギンの繁殖地。マッコーリー島の個体群がヒガシキングペンギン（インドヨウキングペンギン）であるのに対して、こちらはニシキングペンギン（フォークランドキングペンギン）という別亜種にあたる。(M)

King Penguin

p.66　卵のむきを変えるオウサマペンギンの親鳥。卵が冷えないよう、卵は足の上に乗せ、下腹部にあるポケットで包みこむため、ふだんはまわりから見えない。(N)

p.67　フォークランド諸島の盛夏、1月のボランディア岬。孵化してまもないオウサマペンギンのヒナが、そこここの親鳥の足の上に見えた。(M)

p.68 上　密集したコロニーのなかで鳴きかわすオウサマペンギンのペア。同時に動きをシンクロさせながら、ダンスでも躍るかのように歩いていく。(N)

p.68 下　交尾中のオウサマペンギンのペア。オスはメスの首筋にくちばしをかけたまま姿勢を低くしながら、メスを地面に横たえる。(N)

p.69 上　オウサマペンギンのヒナたちがつくるクレイシ。親鳥とヒナの見かけがずいぶん異なることや、ヒナがクレイシをつくって、親鳥と別々にかたまってすごすことから、発見当時は別種と考えられた。(M)

p.69 中　海での採餌からコロニーに帰ってきた親鳥は、クレイシから自分のヒナを連れだして給餌を行う。親鳥のあとを追って歩くヒナ。(M)

p.69 下　成長したヒナに給餌を行うオウサマペンギン。彼らの育雛期間はおよそ1年（冬期に給餌しない期間が数か月ある）、繁殖活動は全体で18か月にわたるため、3年に2回繁殖という変則的な繁殖サイクルを見せる。
すべてボランティア岬で。(M)

69

上　吹きぬける風がまきあげる砂が、ボランティア岬の砂浜を行進するオウサマペンギンたちの足元をふいに隠した。すぐに海に入るわけでもなく、波打ちぎわまで進んでも、もどってくることもある。海中を遊弋する捕食者への警戒だったか。(N)

p.71　オウサマペンギンの群れ。ふいに影が消えたのは、流れる雲に太陽が姿を隠したとき。海の青さ、空の青さは、一瞬にして鉛色に彩りを失った。(M)

King Penguin

東フォークランド島の東岸に位置するボランティア岬は、世界で唯一、人里（スタンレーの町）から陸路で訪れることができるオウサマペンギンのコロニーがある場所である。
美しい白砂がつづく海岸をオウサマペンギンが隊列をなして歩く印象的な光景は、ときに波に濡れた砂浜が鏡のようにペンギンたちを映しだして、一幅の絵になる。
この岬のペンギンたちは19世紀後半に乱獲で絶滅、20世紀なかばからふたたび見られるようになって、現在は1500羽が繁殖。ちなみに以前、この海岸を遊弋するオタリアが、彼らの個体数を減らしたこともある。(M)

上　サンダース島の"首根っこ"の意味で「ネック」と呼ばれる場所は、何種かのペンギンや海鳥たちが色濃く営巣する場所。海に近い低地にはジェンツーペンギン、丘の草原にはマゼランペンギン、海に面した岩場の斜面には、このイワトビペンギンたちが広大なコロニーを形成する。(M)

左　イワトビペンギンの番いが求愛のコーラスは、頭部を激しく左右に振り、フリッパーをばたつかせながらあげる、耳を聾するほどの金切り声。雌雄のあいだでしだいに唱和していく。(M)

Rockhopper Penguin

2010年にフォークランド諸島のサンダース島を初めて訪れたとき、山の中腹をおおうように、びっしりと営巣するイワトビペンギンのさまに圧倒された。巣から海へ、海から巣へと、その名のとおり岩場を跳ね歩きがら移動するペンギンたちの群れが、延々とつづいたものだ。

2017年にふたたび同じ場所を訪れたとき、ペンギンの数が目に見えて減っていることに驚かされた。2015-2016年の繁殖シーズンに多数が餓死したとは聞いていたが、これほど明らかな違いがあるとは思いもしなかった。

大量餓死の根本原因は不明であるようだが、繁殖地近くで餌が不足していたのは明らかだろう。地球温暖化やエルニーニョといった地球規模での気候変動に起因する海水温の変動、それにともなう餌生物の移動や消長によって、同様のことがふたたび起こる可能性は十分にあるのだろう。(N)

Rockhopper Penguin

p.74　夕暮れどきの日射しに、イワトビペンギンの目がひときわ赤く映える。12月末、南半球は一年でももっとも昼が長い頃、日没は21時前後だが、その時間でもペンギンたちは活発に活動をつづけていた。ニュージーランドの亜南極の島じまに分布するヒガシイワトビペンギンに対して、こちらはミナミイワトビペンギンに属す。(N)

p.75 上　ヒナをいたわるイワトビペンギンの番い。夕方以降、多くの親鳥が営巣地に戻るため、こうした光景がいたるところで見られた。イワトビペンギンは通常2個の卵を数日に間隔をおいて産むが、第1卵は抱卵中に死ぬか、孵化しても巣から追われ、2羽がともに育つことはない。(N)

p.75 下　死んだイワトビペンギンを狙うヒメコンドルに対して、周囲のペンギンたちが威嚇を行う。ともにサンダース島で。(N)

上　サンダース島で、営巣地にむけて登り下りする崖の途中で湧き水を浴びるイワトビペンギン。濡れた体をふるわせて水をとばしては、ふたたび水を浴びたりと、念入りな水浴びのさまを見せた。(N)

p.77 上　イワトビペンギンの大きなコロニーがあるサンダース島では、夕方になると沖から親鳥たちがいっせいに帰ってくる。岩礁に打ち寄せる波のなかから飛びだすイワトビペンギン。(N)

p.77 下　とりわけ海が荒れた日、岩に砕け、白く逆巻く波のなかで、海から帰ってきたイワトビペンギンたちの姿がポップコーンのように躍りだす。彼らは急峻な崖に打ち寄せる荒波からでも、崖の岩棚に足場を見つけて営巣地に帰ってくる。サンダース島で。(M)

Rockhopper Penguin

吹きすさぶ風に負けないように、体を前傾させて営巣地に向かうジェンツーペンギン。舞い散る砂煙や小石さえ吹きとばす烈風、あるいは人でさえあたれば痛いほどの雹が降るなかでも、ヒナに餌を運びつづける。シーライオン島で。(M)

タソック草（亜南極の島じまに多いイネ科植物）の茂みのなかにできた径を歩くジェンツーペンギン。先のマッコーリー島やこのフォークランド諸島の個体群は、同じ亜種キタジェンツーペンギンに属す。シーライオン島で。(N)

Gentoo Penguin

p.80　ジェンツーペンギンは通常2個の卵を数日の間隔をおいて産むが、餌が豊富な年には、2羽両方が大きく育つことができる。カラカス島で。(N)

p.81 上　撮影者のようすを確かめに近づいてきた、ジェンツーペンギンの好奇心旺盛なヒナたち。採餌から親鳥が帰ってくると、全力疾走で親鳥を追う。一方親鳥は、ヒナを試すかのようにしばらく逃げまわったあと、ふいに立ちどまると給餌をはじめる。シーライオン島で。(N)

p.81 下　寝ながら動いているうちに、ジェンツーペンギンのコロニーに入りこんでしまった若いミナミゾウアザラシ。ペンギンたちの鋭いくちばしによる攻撃を受け退散した。シーライオン島で。(M)

79

p.82-83　夕方、海での採餌から帰ってきたマゼランペンギンたち。ジェンツーペンギンが、フリッパーを後方に突きだして歩くのとは対照的に、マゼランペンギンはフリッパーを斜め前方に垂らし、小刻みなピッチで駆けるように歩く。シーライオン島で。(M)

p.82 左上　地面に掘った穴に営巣するマゼランペンギン。マゼランペンギンのヒナがクレイシを形成しないのは、穴のなかですごすことで体温調整や外敵から身を守ることができるからだろう。一方、フォークランド諸島では多くの場所でヒツジが放牧されており、ヒツジによって穴が壊される例も報告されている。(N)

p.82 左下　それぞれの巣から海に向かうマゼランペンギンの一行。彼らは非繁殖期には営巣地を離れ、外洋を広く回遊をしてすごす。シーライオン島で。(N)

Magellanic Penguin

フォークランド諸島の首都スタンレーに近い場所には、1982年のフォークランド紛争時に敷設された地雷が数多く残されている。マゼランペンギンが営巣するジプシー湾も、こうした場所に接している。
地雷原は有刺鉄線で囲われ、注意をうながす標識が掲げられている。この標識と有刺鉄線の柵のおかげで、人は危険な場所に立ち入らないですむが、マゼランペンギンには標識も有刺鉄線も用はなさない。有刺鉄線に囲まれた区域をペンギンが行き来するのを見るのは冷や汗ものだが、彼らの体重では地雷は爆発しないだろう。ペンギンだけではない。柵のむこうは人が足を踏みこまないために、植生や野鳥が影響を受けずにすむ。ときに脆弱な島の野生が、地雷のために守られているのは、何とも皮肉な現象である。(M)

上　太陽が西に傾きはじめる刻、マゼランペンギンの一行が海岸を歩く。波が寄せるたびに、濡れた浜は艶やかに光を映すと同時に、ペンギンたちの影を浮かびあがらせる。(M)

p.85 上　シーライオン島にあるジェンツーペンギンのコロニーの夕暮れ。夕方に、多くの個体が海での採餌から帰ってくるため、コロニーが賑やかになる時刻。(M)

p.85 下　茜色に染まる空を背景に、吹く風のなか器用にバランスをとりながら羽繕いをするイワトビペンギン。サンダース島で。(N)

South Georgia

サウスジョージア

フォークランド諸島とほぼ同じ緯度にありながら、南極収束線の北側に位置するフォークランド諸島に対して、
サウスジョージアが浮かぶのは南極収束線の南側で、ときにウェッデル海からの氷山もときに流れつく、南極海の一隅。
キングペンギンとマカロニペンギンの、ともに世界最大の個体数を擁する絶海の孤島である。

15万番いのオウサマペンギンが集まるセントアンドリューズ湾。換羽を
ひかえたペンギンたちは、川辺や水たまりのまわりに集まってすごす。(M)

成長したヒナに給餌を行うオウサマペンギン。多くのペンギンと同様、ヒナが親鳥の下くちばしのつけ根をつつくと、給餌行動が解発される。(M)

オウサマペンギンの群れ。白と黒の親鳥の間で、クレイシをつくるヒナの群れが褐色のかたまりをつくる。セントアンドリューズ湾で。(M)

ミナミゾウアザラシやナンキョクオットセイがぎっしりと群れる海岸を、オウサマペンギンが隊列をなして歩く。セントアンドリューズ湾で。(M)

上　島の西端に近いソールズベリー平原には、サウスジョージアで2番目に大きいオウサマペンギンのコロニー（およそ9万番いが集う）がある。巨大なミナミゾウアザラシを背景にたたずむオウサマペンギン。(M)

p.93 上下　換羽中のオウサマペンギンが、近くで休みはじめたナンキョクオットセイにくちばしで一撃をくわえた。何頭かのナンキョクオットセイの体に、何センチかの間隔をおいて並ぶ小さな傷跡があったのは、オウサマペンギンのくちばしが原因だったか。(M)

p.94-95　セントアンドリューズ湾に打ち寄せる波のなかを泳ぐオウサマペンギンの群れ。(M)

King Penguin

King Penguin & Gentoo Penguin

左　3種のペンギンが（オウサマペンギン、ジェンツーペンギン、ヒゲペンギン）が海岸で交錯する。(M)

上　島の東端に近いクーパー湾でオウサマペンギンとジェンツーペンギンが行き交う。(M)

上　タソック草（亜南極の島じまに多いイネ科植物）の間で休むミナミゾウアザラシの前を、ジェンツーペンギンが海にむかう。(M)

p.99　古い捕鯨基地跡のまわりで休むミナミゾウアザラシやナンキョクオットセイのあいだを、ジェンツーペンギンが行き来する。ストロムネスで。(M)

Gentoo Penguin

サウスジョージア周辺の海域は、南極大陸をとりまく海のなかで、とりわけナンキョクオキアミが色濃く分布する。そのために、近海に集まる大型鯨をもとめて、ノルウェーの捕鯨会社が1905年から、サウスジョージアの各地に捕鯨基地を建設した。かつて南極海で操業した捕鯨業者たちが残したものは、こうした基地跡だけではない。

大型鯨の個体数が減ったことによって余剰になったナンキョクオキアミを糧に個体数を増やしたナンキョクオットセイや、オキアミ食のペンギンたち。とりわけ、かつての乱獲によって20世紀初頭には絶滅寸前になったナンキョクオットセイは、急速に個体数を回復し、現在400〜500万頭。そしていまは、同じオキアミ食のマカロニペンギンたちとの間での軋轢が起きはじめている。(M)

Macaroni Penguin

p.100-101　9〜11月に、繁殖地にもどってくるマカロニペンギン。「マカロニ」とは、18世紀のイギリスで当時流行したイタリアンテイストを取りいれた「伊達男」のこと。このペンギンのしゃれた飾り羽にちなんで名づけられたものだ。
島の東端に近いクーパー湾で。Suzi Eszterhas/Minden Pictures/Age fotostock

p.102上　タソック草の間で営巣するマカロニペンギン。サウスジョージアはマカロニペンギンの最大個体数を擁する島（500万番い）である。
クーパー湾で。JCTravelography/Shutterstock.com

p.102下　同属のイワトビペンギンのように、岩場を跳ねながら登るマカロニペンギン。
クーパー湾で。Momatiuk-Eastcott/Minden Pictures/Age fotostock

p.103上　雪が舞うなか、採餌のために営巣地から海岸まで下りてきたマカロニペンギンたち。繁殖地によっては、温暖化による餌生物（イカやオキアミ）の消長、海洋環境の汚染などで、過去30年のあいだに半数ほどに減少した場所もある。（M）

Macaroni Penguin

南米フエゴ島から南極半島まで、大きく南大洋に弧を描くように点在する島じまをつなぐスコシア弧のなかにあって、サウスジョージアにつづくサウスサンドイッチ諸島。この諸島にある壮大なヒゲペンギンのコロニーに混じって営巣するマカロニペンギン。
MZPHOTO.CZ/Shutterstock.com

Antarctic Peninsula and South Shetland Islands

南極半島とサウスシェトランド諸島

- Deception Is. デセプション島
- South Shetland Is. サウスシェトランド諸島
- Paulet Is. ポーレット島
- Neco Harbor ネコハーバー
- Devil Is. デビル島
- Bellingshausen Sea ベリングスハウゼン海
- Seymour Is. シーモア島
- Petermaun Is. ピーターマン島
- Antarctic Peninsula 南極半島
- Weddell Sea ウェッデル海

南極大陸から細長く突きだした南極半島は、
地球上でも近年の温暖化の影響をとくに強くうけている場所。
半島西岸ベリングスハウゼン海の海氷の減少とともに、
西岸のアデリーペンギンは激減、それに変わってジェンツーペンギンが
急速に個体数と繁殖地を拡大させている。
またサウスシェトランド諸島はヒゲペンギンの一大生息地である。

上　南極半島の先端近くに浮かぶ、ポーレット島にあるアデリーペンギンのコロニーで。(M)

左　南極半島西岸(ベリングスハウゼン海側)ではアデリーペンギンの個体数は激減しているが、東岸(ウェッデル海側)には、まだアデリーペンギンのいくつかの大きなコロニーがある。デビル島のコロニーで。(M)

Adelie Penguin

上　腹部の抱卵斑で2つの卵を温めるアデリーペンギン。2つの卵は数日をおいて生まれる。ピーターマン島で。(M)

左　営巣のための小石を集めるアデリーペンギン。混んだ営巣地では、利用できる小石はすでに巣に利用されていて、新たな小石を見つけるのも一苦労になる。(M)

p.109　数日の間隔をおいて孵化した2羽のヒナ。餌が多いときには2羽のヒナが育つが、餌が少ない年には、体の大きなヒナが餌を独占して、2番目のヒナは生き残れない。ポーレット島で。(M)

Adelie Penguin

Adelie Penguin

上　営巣地から海に餌とりにむかうアデリーペンギン。営巣は春、雪がなくなって地面が露出した場所で開始される。アデリーペンギン、ジェンツーペンギン、ヒゲペンギンの *Pygoscelis* 属のペンギンたちは、尾羽が長く、立っていても氷原や雪面に接するほどだ。デビル島のコロニーで。(M)

p.111 上　海岸に浮かぶ氷から氷へジャンプする、アデリーペンギンの成長したヒナたち。巣だった若鳥や非繁殖期(冬期)の親鳥たちは、はるか北方の流氷帯で主にナンキョクオキアミを食べて暮らす。nwdph/Shutterstock.com

p.111 下　海に餌とりに出かけるために、営巣地からつぎつぎに海岸におりてきたアデリーペンギンは、すぐには海に入らないで海岸や海岸の氷の上で大きな集団をつくりだす。(M)

海岸の氷の上に大きな集団をつくっていたアデリーペンギンの群れが、頃あいをみはからって、一気に海をめざすのは、沿岸を遊弋するヒョウアザラシによる被食を最小限にするためか。ポーレット島で。Gerard Lacz/Age fotostock

上　天を仰ぎ、求愛の声をあげるジェンツーペンギンの吐息が、夕陽に映えて赤く染まる。(M)

右　盛夏の南極半島のネコハーバーで。氷河を背景にした小高い丘のうえで育雛するジェンツーペンギンの群れ。マッコーリー島やフォークランド諸島で繁殖するキタジェンツーペンギンに対して、こちらは別亜種ミナミジェンツーペンギンになる。(M)

Gentoo Penguin

Gentoo Penguin

p.116　1月、雪のなかで2羽のヒナを育てるジェンツーペンギン。数日をおいて生まれる2つの卵から孵ったヒナたち。ネコハーバーで。(M)

p.117上　ジェンツーペンギンのクレイシ（成長したヒナ集団）を狙うオオトウゾクカモメ。(M)

p.117下　3月、成長したヒナが営巣地の凍結した水たまりの上を、足を滑らせながら歩く。ピーターマン島で。(M)

Gentoo Penguin

上　流氷が浮かぶ浅瀬で水浴びを行うジェンツーペンギン。ジェンツーペンギンはアデリーペンギンにくらべて、非繁殖期も営巣地を遠く離れず、近海で採餌を行う。(N)

下　餌とりから帰ってきたジェンツーペンギンの親鳥たちが、海岸をいっせいに営巣地にむかう。ピーターマン島で。(M)

p.119　海面を突きやぶる音とともに、採餌から帰ってきたジェンツーペンギンが海中から氷上にむけてミサイルのように飛びだす。(M)

餌をもとめて跳ねおよぐヒゲペンギン。とくにヒゲペンギンは、冬の非繁殖期にははるか北方の氷のない海域まで移動してナンキョクオキアミを中心に採餌、次の春まで、繁殖地には帰ってこない。
ヒゲペンギンのあいだに、くちばしの赤いジェンツーペンギンが混じる。(M)

Chinstrap Penguin

Chinstrap Penguin

サウスシェトランド諸島のひとつデセプション島は、カルデラが沈下、その外輪山(ばていけい)の一部が海面上に姿を見せた馬蹄形の島だ。同時に、カルデラのなかで温泉が湧いていることで、観光客によく知られた島でもある。
この島の東側にあるベイリー岬には、10万番いのヒゲペンギンが営巣する広大な繁殖地（ヒゲペンギンの営巣地としては、サウスサンドイッチ諸島にあるものについで2番目に大きい）があり、遠望する山の中腹まで、まるでゴマ粒をまき散らしたように、営巣するペンギンたちの姿が目路の限りにつづいている。(M)

上　ヒゲペンギンのコロニーでは、雌雄が天をむいてあげる甲高い管楽器のようなディスプレイの声が賑やかに響く。ベイリー岬で。(M)

p.123 上　営巣地から海にむかうヒゲペンギンの群れは、まるで水脈が流れるように谷筋に集まりながら、大動脈になって海につづいていく。ベイリー岬で。(M)

p.123 下　デセプション島でヒゲペンギンの大きなコロニーがあるのは、荒海に面した島の外側だが、かつてのカルデラである馬蹄形の島の内側、ホエーラーズ湾の海岸にも姿を見せることがある。(M)

Chinstrap Penguin

p.124　2羽のヒナを育てるヒゲペンギン。ペンギンの上あごや舌の表面には内側にむかって棘が並び、とらえた獲物を外に逃がさないようになっている。(M)

p.125 上　孵化してまもないヒゲペンギンのヒナ。先に孵化したもう1羽が、奥で顔を親鳥にうずめている。ヒナたちは、南極が秋口をむかえる3月半ばまでには成長して巣だたなければならない。ベイリー岬で。(M)

p.125 下　営巣、育雛を終えたペンギンは、非繁殖期に行う採餌のための長い海洋生活にそなえて、新しい羽毛を手にするために換毛の時期をむかえる。(M)

Fierld Report

激減する南極半島のアデリーペンギン
Population Trends of Penguins in Antarctic Peninsula

水口博也

南極半島の温暖化

20年にわたって南極半島を観察しつづけてきて、その間に見られた大きな変化は、とくに半島西側で見られるアデリーペンギンとジェンツーペンギンの個体数のドラスティックな推移である。

結論からいえば、アデリーペンギンが極端に減り、かつてはサウスシェトランド諸島で多く見られたジェンツーペンギンが、南極半島の各地に繁殖場所を広げ、とくに半島西岸で相当に個体数を増やしているというものである。旅行者としての体験としていえば、以前は南極半島西岸を旅すればいたるところで見られたアデリーペンギンの姿があまり見られなくなり、いまではいたるところで、ジェンツーペンギンの姿を見るようになった。

原因は「温暖化」だが、それが上記の変化をもたらすメカニズムはそれなりにこみいっている。ちなみに、巨大な南極大陸そのものでは、まだ顕著な温暖化の兆候は現れておらず、場所によっては気温が下がっている場所もある。一方南極半島は、50年前とくらべて平均気温は2.5度上昇、地球上でもっとも温暖化の影響をうけている場所といっていい。

こうした状況のなかで、南極半島西岸のアデリーペンギンがなぜ個体数を減らすにいたったのか。

雪におおわれる営巣地

10月、南極が春をむかえる頃、海で採餌生活をしていたアデリーペンギンが繁殖地に戻ってくる。しかし、その時期の半島や周辺の島じまは、まだ雪や氷におおわれている。地面が露出した場所でしか営巣できないアデリーペンギンたちは、営巣地とすべき場所の雪がなくなって地面が露出するのを待つしかない。

以前なら、少し春が深まれば、丘の頂きや起伏した場所——風が強く、風が雪をとばしてくれる——から地面が現れたものだ。しかし近年は、南極半島で春の降雪が非常に増え、彼らが営巣すべき季節になっても地面がなかなか露出しにくくなる状況がある。

じつは、「南極半島の温暖化」というニュースを耳に、多くの観光客は、雪や氷が少なくなった風景を予想する。私もそうした1人だった。しかし、じっさいはそうではない。

半島西側のベリングスハウゼン海では、海の水温は以前より上昇、その分蒸発量は増える。それはいずれ地上に降りそそぐのだが、以前より気温があがったからといって、まだ氷点下の春ならば、降水は「雪」になる。そのために、とくに春から初夏にかけて、半島沿岸や周辺の島じまでは、深い雪におおわれた光景を目にすることも少なくない。

こうして、アデリーペンギンが巣づくりを開始できる時期がどんどん遅くなっている。営巣地のなかでも、風が吹きぬけ、雪が吹きとばされる場所のほうが、そ

10月、まだ一帯が雪や氷におおわれている時期、アデリーペンギンたちが営巣地となるべき場所に帰ってくる。

雪がなくなり、地面が露出した場所で営巣するアデリーペンギン。手前の営巣地をおおう雪は、営巣をはじめたあとの降雪によるもの。

うでない営巣地にくらべて個体数の減り方が少ないという報告もある。

一方、ジェンツーペンギンはどうか。彼らが営巣するにあたって、地面が露出した場所を必要とするのは変わりがないが、ジェンツーペンギンが繁殖活動に入るのは、アデリーペンギンより1か月近く遅い。それだけ夏に近い時期で、雪による影響はアデリーペンギンよりはるかに少ない。

それに、アデリーペンギンが例年営巣する場所にこだわるのに対して、ジェンツーペンギンはもう少し融通性があり、営巣場所をより見つけやすい。とすれば、これまでアデリーペンギンが営巣していた場所にも、どんどんジェンツーペンギンが入りこむ。

減少する海氷

もうひとつ南極半島西岸のアデリーペンギンの減少の原因になっているのは、ベリングスハウゼン海の海氷の減少だ。

アデリーペンギンは夏の数か月は陸上で営巣と育雛を行うが——その間も両親は交互に餌とりに海にでかける——非繁殖期は、遠く洋上で採餌を行う。それは長い採餌旅行であり、途中（とくに夜間）は海氷に上がって休まなければならない。そのとき、海氷が少なくなることは、遠くの餌場にむかうための足場が失われることを意味する。

アデリーペンギンは、南極大陸全体ではむしろわずかに個体数を増やしていると考えられている。とくに増えているのは、たとえばロス海など、南極半島西岸よりずっと海氷が多い場所に営巣するものたちである。彼らにとっては、海氷が多少なりとも少なくなれば、営巣地から海が開けた場所までの距離が近くなることが、繁殖活動にプラスに働くからだ。

いずれにせよ、こうした変化はまだ現在進行形。今後、この地にすむペンギンたちはどう推移していくのか——多くの研究者ともに私自身も注視しつづけたいと思う。

降雪のなかで求愛を行うアデリーペンギン。

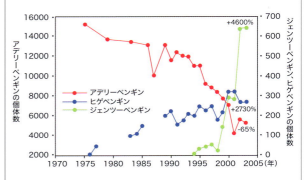

南極半島西岸にあるアンバース島でのペンギン類3種の個体数の変動。アデリーペンギンの減少のさまと、ジェンツーペンギンの激増のさまがわかる。
Hough W. Ducklow 他：Marine pelagic ecosystem: the West Antarctic Peninsula, 2007 より

Territories of
コウテイペンギンの世界
Emperor Penguins

Snow Hill Is.
スノーヒル島

Weddell Sea
ウェッデル海

Antarctic Peninsula
南極半島

Ross Sea
ロス海

Cape Washington
ワシントン岬

Dumont d' Urville
デュモン・デュルヴィル

コウテイペンギンが繁殖するのは、
氷の世界の奥懐──南極大陸をとりまいて広がる広大な定着氷上。
ペンギン類18種のなかで、繁殖行動のいっさいを氷上で行うのは、
ただ1種コウテイペンギンのみ。
烈風を避けるように、定着氷に閉じこめられた巨大な氷山の陰に
コウテイペンギンたちの世界が広がる。

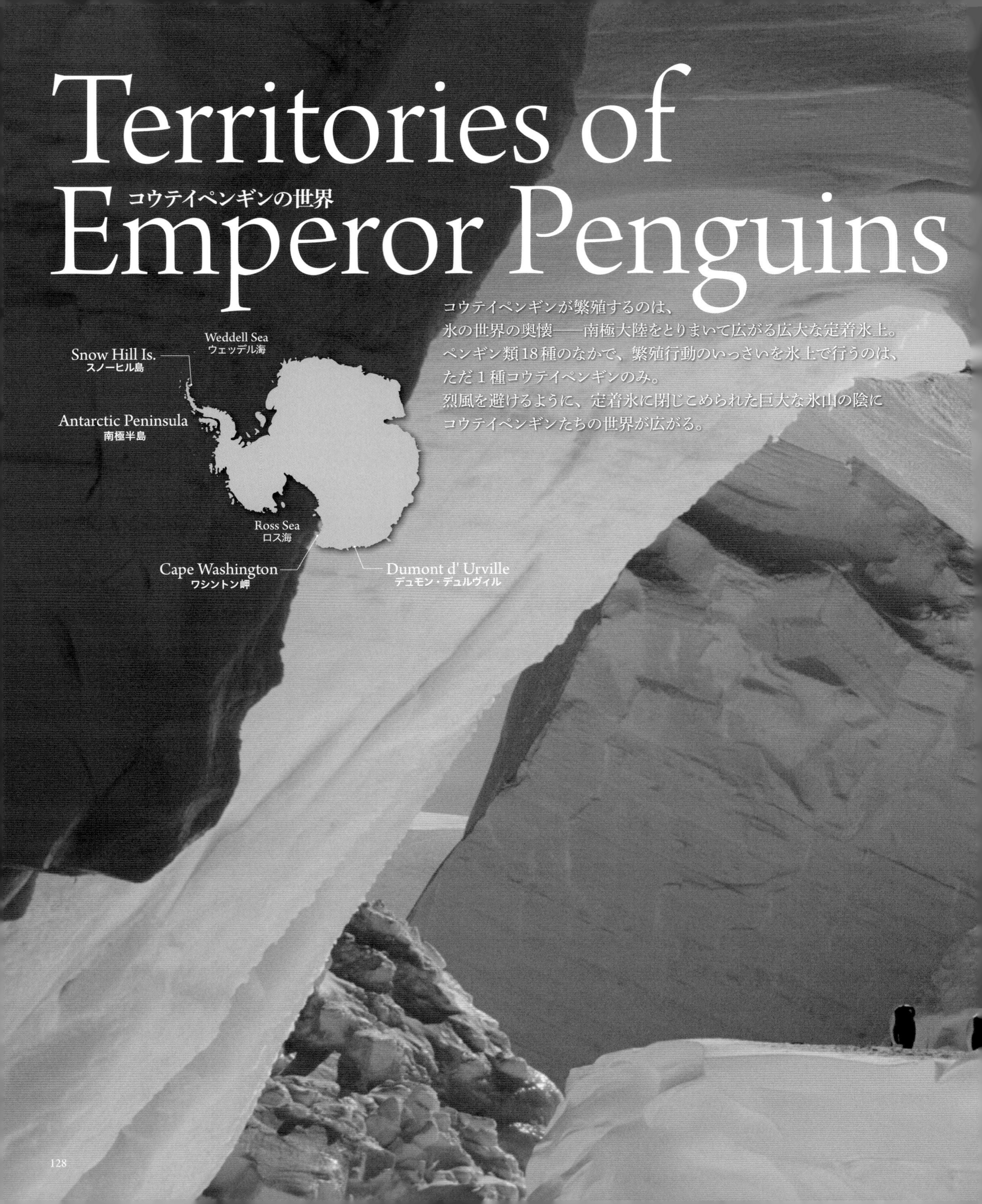

Emperor Penguin

p.128-129　定着氷に閉じこめられた巨大な氷山の影に集うコウテイペンギン。彼らが海から繁殖地に戻ってくるのは南極が秋を迎える3月あたり。
Stefan Lundgren/Johner Images RF/Age fotostock

p.130-131　厳寒の冬がはじまる5月ごろ生まれた卵を足の上に乗せ、温めつづけるコウテイペンギンのオスたち。密集したハドルを形成して、烈風や吹雪に耐える。
F Olivier/HHH/Minden Pictures/Age fotostock

p.132　およそ2か月間オスによって温められた卵が孵化するのは、まだ南極が厳寒の7月あたり。孵化したヒナは、オスに代わってメスに守られる。
Mint Frans Lanting/Mint Images/Age fotostock

p.133上　南極半島に近いスノーヒル島では、およそ4000〜4200番いのコウテイペンギンが繁殖する。
Juniors Bildarchiv/Age fotostock

p.133下　吹雪のあとのコウテイペンギンのヒナ。東南極にあるフランスのデュモン・デュルヴィル基地近くで。
F Olivier/HHH/Minden Pictures/Age fotostock

Emperor Penguin

p.134-135　成長とともに親鳥の足元から離れたヒナたちは、クレイシを形成。体を寄せあって、餌を運んでくる親鳥の帰りを待つ。
デュモン・デュルヴィル基地近くで。
F Olivier/HHH/Minden Pictures/Age fotostock

p.136-137　それぞれの海での餌とりから帰った雌雄が、たがいにむかいあい、お辞儀をするような姿勢でディスプレイを行う。
ウェッデル海スノーヒル島にて。
Wolfgang Kaehler/Age fotostock

p.138　南極が夏に近づく頃。それまで密集してすごしていたヒナたちは、より広がってすごすようになる。
ロス海に面したワシントン岬で。(M)

p.139上　海での餌とりから帰ってきた親鳥は、クレイシのなかのヒナと鳴き交わしながら自分のヒナを見つけだし、クレイシから連れだして給餌を行う。
Mint Frans Lanting/Mint Images/Age fotostock

南緯74度のワシントン岬で撮影を行ったのは、12月初旬のこと。すでに成長したヒナたちが集まって親鳥の帰りを待っていた。この時期の太陽は、夜を迎えるはずの時間になっても地平線に沈むことはなく、近くにあった巨大な氷山の頂上近くに一瞬姿を隠したものの、あたりを照らしつづける。
天候が穏やかだったこともあって、日が暮れない一晩を氷上でコウテイペンギンのヒナたちとすごした。マイナス20度のなかで一晩をすごしたご褒美は、太陽が高度を落とすにしたがって太陽の光にさしはじめる赤みが、親鳥たちの白いはずの腹を淡く染める光景。(M)

Emperor Penguin

コウテイペンギンの繁殖地から、海が広がりはじめる定着氷の縁まで、ときに数十〜100キロに達する。それほどまでに氷の奥懐で繁殖するのは、ヒナが巣だつ夏まで繁殖地の氷がとけてしまわないためだ。
Mario_Hoppmann/Shutterstock.com

上　繁殖地から海が開けた場所まで、餌とりにむかうためにトボガン滑りで氷上を行進するコウテイペンギンの親たち。
Roger Tidman/Alamy/Age fotostock

下　「トボガン」とは、もともとアメリカの先住民が使用していたソリの一種。腹ばいになって、スパイクのような足の爪で氷を蹴りながら、氷上を軽快に進む。(M)

Emperor Penguin

p.144-145　南極の春の夕暮れ。低い太陽が黄金に染めあげる氷原に、コウテイペンギンたちのシルエットが浮かびあがる。
Mint Frans Lanting/Mint Images/Age fotostock

p.146　コウテイペンギンにヒナたちに舞う雪が、黄昏どきの太陽をうけて億万のきらめく黄金の粒子になる。
ウェッデル海で。Jan Vermeer/Minden Pictures/Age fotostock

p.147 上　11月のウェッデル海。氷上を進行するコウテイペンギンの親鳥とヒナたち。彼らがこの繁殖地ですごすのは、あとひと月半あまり。
Konrad Wothe/Minden Pictures/Age fotostock

Emperor Penguin

南極が盛夏を迎え、ヒナが十分に成長する12月、親鳥たちはそろって繁殖地をあとに海にむかいはじめると、ヒナたちも親鳥を追うように集まり、移動しはじめる。

彼らの道標は、空に浮かぶ黒い雲の存在。氷原のうえに浮かぶ雲は、氷原から反射される光で明るく見えるのに対して、開水面（ポリニア）のうえに浮かぶ雲は、反射する光がないために暗く見えるからだ。

海をめざすヒナをとりまく危険は多い。ヒナは海に入る前に、成鳥の羽毛に換羽するが、もしもそれより前に、温暖化などで海氷が割れたり失われたりすれば、彼らのその後の生をまっとうすることができなくなってしまう。そして、海に入るときには、彼らを狙って遊弋するヒョウアザラシの歯からもうまく逃れなければならない。（M）

ペンギンの行動と生態
Life of Penguins

綿貫豊
（北海道大学水産科学研究院）

飛翔力を失った鳥

ペンギン目の現生種は1科18種からなり、目として飛行能力を失っている点で海鳥としてはきわめて特異なグループである。すべて南半球に分布する。

そのうちコウテイペンギン、アデリーペンギンなど4種は南極大陸に、オウサマペンギン、イワトビペンギンなど4種は亜南極に繁殖し、フンボルトペンギン、コガタペンギンなど9種は温帯に、ガラパゴスペンギンは亜熱帯に分布し、いずれも南半球の夏に繁殖する。赤道をまたぐような渡りはせず、亜南極～温帯海域で越冬することが多くの種類で最近わかってきた。体重は1.2kgのコガタペンギンから30kgのコウテイペンギンまで幅広く、また海鳥のなかでは比較的重い。

DNAをつかった系統解析によれば、ペンギン目にもっとも近縁なのはアホウドリ科やミズナギドリ科をふくむミズナギドリ目で、6200万年ほど前にこれらの目は分岐したとされている。もっとも古いペンギン目の化石は6000万年前のニュージーランドから知られており、これらの化石種はすぐにそれとわかるペンギンの特徴をそなえている。

ミズナギドリ目―ペンギン目の、飛べたであろう共通祖先と、飛べないペンギン目の中間的な特徴を備えた、移行段階にある種の化石はまだ発見されていない。そのため、飛ぶための翼をどの時点でどのように、水をこぐのに適したひれ状のフリッパーに変えたのかはわかっていない。

飛行のために使う鳥類の羽根1枚1枚は、羽軸から両側に羽枝が出て、それら同士が小羽枝でマジックテープのように連結されちょうどプロペラのような形になっている。しかも、しなやかで、強い力がかかって

フリッパーで水をかいて海中をすばやく泳ぐジェンツーペンギン。羽毛のあいだに含まれる空気が気泡の軌跡を残す。

地球上もっとも生物量が量が大きい（5億トンともいわれる）ナンキョクオキアミ。

羽枝同士が離れてしまっても、羽づくろいすればすぐ元に戻る。一方、ペンギンの羽根は、鳥類としては特異で、ちょうど哺乳類の毛状の単純な構造になっている。

ペンギンたちの採餌生態

ペンギンは毎秒2回ほど羽ばたいて、フリッパーの打ち下げと打ち上げの両方で水中を前進するため、水中を滑らかに進むことができる。遊泳速度は毎秒2mくらいに達する。潜水深度は、最大ではコウテイペン

ギンの 564 m、オウサマペンギンの 323 m にも達し、最長潜水時間はそれぞれ 15.8 分と 9.2 分である。このように長く潜れる理由の一つは、肺や血液に加え筋肉中の酸素保有量が多いからで、体重当たりの酸素保有量は人間の 3 倍近くに達する。

　一方、フリッパーを使っての潜水専門になったことのデメリットは、水平移動速度が遅いことである。ミズナギドリ目は 1 時間の飛行で数十キロ移動できるが、ペンギン目は同じ時間泳いでも 8 km 程度しか移動できない。これは、繁殖中なら、繁殖地から比較的狭い範囲でしか採食できないことを意味する。

　ペンギン目は、深く長く潜水して、オキアミ、ハダカイワシ、イワシ類魚類、イカなどを追跡して捕獲し食べる。これらの餌のうち、野生単一種としては、世界でもっとも生物量が大きいと言われるナンキョクオキアミがとくに重要である。アデリーペンギン、ヒゲペンギン、マカロニペンギンなど、南極大陸や亜南極の島にすむペンギンはナンキョクオキアミに大きく依存しており、これを食べられるかどうかが彼らの繁殖成績を大きく左右する。

　ハダカイワシ類はオイル成分を多く含むためエネルギー源としてよい餌であるが、昼は水深 200 m より深いところにいる。オウサマペンギンは日中この深度に達する潜水を繰りかえして、もっぱらハダカイワシを食べている。最近はペンギン目がときとしてクラゲを食べることも報告されている。体重が重く、ゆえに 1 個体の餌要求量が高く、また数も比較的多いので、世界の海鳥全体が消費する餌の 3 分の 1 以上はペンギンによるものである。

ペンギンたちの育雛

　コウテイペンギンとオウサマペンギンは大きな卵を 1 個だけ産むが、ほかの種類は 2 卵を産む。イワトビペンギンの仲間も 2 卵産むが、他の種類とちがい、最初に生まれる卵の方が小さく、孵化しなかったり孵化しても育たなかったりする。

　抱卵日数は、多くの種類では 30 ～ 50 日であるが、

1 つの卵を足の上において温めるオウサマペンギン。

このアデリーペンギンを含む多くのペンギンは、数日の間隔をおいて 2 つの卵を産む。

コウテイペンギンのヒナは、巣立ちまで150日以上かけて育てられる。

オウサマペンギンは50日以上、コウテイペンギンでは60日以上と長い。育雛日数もコウテイペンギンは150日以上である。

　南極の短い夏の、餌の豊富な時期にあわせてヒナを育てるために、コウテイペンギンは南極の真冬に繁殖地に戻ってから60日くらいして産卵し、メスは産卵直後に餌をとりにでかける。その後オスは、2か月間、足の間に卵を置いて温めつづける。そのため、オスは冬のあいだ120日以上飲まず食わずで、最低気温はマイナス40度をこし、常に秒速10m以上の風が吹くなかを、耐えなければならない。当初40kgあった体重は25kgまで減る。

　一方、オウサマペンギンの育数日数は300日をこえるため、翌冬も子育てをしなければならない。そのため3年に2回しか繁殖できない。アデリーペンギンは、メスが産卵した後、オスがまず2週間抱卵し、メスが交代して10日ほど、そのあとオスが数日間抱卵し、その間にヒナが孵化する。その後メスの帰りが3〜4日遅れると、ヒナは餌をもらえないため餓死する。このようにペンギンは繁殖にエネルギーを注ぐ傾向があり、親の年間生存率は75〜95%とミズナギドリ目（90%以上）よりは小さい。

ペンギンたちをとりまく危機

　ペンギン科の個体数は大きく変化しており、その傾向は種によっても場所によっても異なる。気候変化と人間活動がその原因であると考えられている。

　最近、南極半島のアデリーペンギンやアデリーランド（東南極でフランスが領有権を主張している地域）のコウテイペンギンの個体数が減っており、これは地球温暖化やそれにともなう海氷面積の減少と関係があるのではないかと考えられている。アデリーペンギンの主食であるナンキョクオキアミは、海氷生態系におけるもっとも重要な植物プランクトンである珪藻を食べ、また海氷の下を捕食者からの逃避場所とするため、海氷の減少とともに資源量が減っている場所もあり、そうした海域ではアデリーペンギンも餌が取りづらくなっているようである。

　かつて商業捕鯨によってオキアミ食のヒゲクジラは一時6分の1にまで減った。そのときに余剰になったオキアミを利用して、ペンギン目のある種が個体数を一時的に増やしたとの説も出されたことがある。一方で、種によっては人間によるインパクトによって個体数が減った例もある。タンカーの座礁によって流出したり、日常的に漏れて海上に広がる重油などにまみれたことが原因で、ケープペンギンの個体数が減少したといわれている。漁業との競争も問題になることがあるかもしれない。

海氷上で休むアデリーペンギン。彼らを支えるナンキョクオキアミは、こうした海氷の裏に繁茂する珪藻類を餌にしている。

　IUCNの最新のリスト http://www.iucnredlist.org/search では、ペンギン目のうち、以下のとおり10種が絶滅危惧種になっている。

　EN（Endangered）＝絶滅危惧種は、キタイワトビペンギン、シュレーターペンギン、ケープペンギン、ガラパゴスペンギン、キガシラペンギン。

　VU（Vulnerable）＝準絶滅危惧種は、ミナミイワトビペンギン、マカロニペンギン、フィヨルドランドペンギン、スネアーズペンギン、フンボルトペンギン。

　なお、IUCNのリストではイワトビペンギンをミナミイワトビペンギンとキタイワトビペンギンを2種にしている。一方、ハネジロペンギンはコガタペンギンと同種にあつかわれている。

（わたぬき・ゆたか　海洋生態学）

Penguin's Profile
各種紹介

参考文献
Hadoram Shirihai: A Complete Guide to Antarctic Wildlife. A&C Black London.
Tui de Roy: Penguins, Their World, Their Ways. Bateman.
Frank S. Todd: Birds & Mammals of the Antarctic, Subantarctic and Falkland Islands. Ibis Publishing Company
New Zealand's subantarctic islands. Department of Conservation
Macquarie Island. Tasmanian Parks & Wildlife Service

Aptenodytes

コウテイペンギン

【別名】エンペラーペンギン
【英名】**Emperor Penguin**
【学名】*Aptenodytes forsteri*

体長 100 ～ 130cm。
体重は 40kg に達し、ペンギン類のなかの最大種。繁殖にあたって、氷縁部からときに 100km も離れた定着氷上にコロニーを形成。採餌にあたっては、水深 500m 以上潜り、魚類や頭足類を捕食する。2009 年に衛星を使った調査で、595,000 羽が確認されている。

オウサマペンギン

【別名】キングペンギン
【英名】**King Penguin**
【学名】*Aptenodytes patagonicus*
【亜種】ヒガシキングペンギン（インドヨウキングペンギン） *A. p. halli*
ニシキングペンギン（フォークランドキングペンギン） *A. p. patagonicus*

体長 85 ～ 95cm。南大洋に散在する亜南極の島じまで繁殖。ハダカイワシなど魚類を中心に、イカ等も捕食。同属のコウテイペンギンとくらべ、（より低緯度に生息するためだろう）くちばしやフリッパー（翼）が細長く、体重も最大 16kg と軽い。全体で 220 万番いが生息。

● ヒガシキングペンギン
● ニシキングペンギン

Pygoscelis

アデリーペンギン

【英名】Adelie Penguin
【学名】*Pygoscelis adeliae*

体長70cm。南極大陸の沿岸部と周辺の島じまにコロニーを形成。もっとも高緯度（南緯77度）で繁殖するペンギンでもある。350〜410万番いが繁殖。オキアミ類、魚類、頭足類を捕食。ジェンツーペンギン、ヒゲペンギンとともに、この属のペンギンたちは、長くてかたい尾羽をもつ。

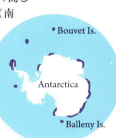

ジェンツーペンギン

【別名】ゼンツーペンギン
【英名】Gentoo Penguin
【学名】*Pygoscelis papua*
【亜種】キタジェンツーペンギン　*P. p. papua*
　　　　ミナミジェンツーペンギン　*P. p. ellsworthii*

体長75〜90cm。亜南極の島じまや南極半島で繁殖するが、近年は南極半島では温暖化に伴い、激減するアデリーペンギンにかわって急速に個体数を増やしている。非繁殖期は海でくらすが、アデリーペンギンやヒゲペンギンにくらべて繁殖地からあまり離れない。38万番いが生息。

● キタジェンツーペンギン
● ミナミジェンツーペンギン

ヒゲペンギン

【英名】Chistrap Penguin
【学名】*Pygoscelis antarctica*

体長70〜75cm。亜南極の島じまや南極半島で大きなコロニーをつくって繁殖する。非繁殖期には流氷帯を遠くはなれ、南極前線付近まで移動、おもにオキアミ類を捕食する。全体で750万番いが繁殖。繁殖地では高い崖の縁や山の中腹まで、海岸から遠く離れた場所にまで営巣する。

Penguin's Profile

Eudyptes

イワトビペンギン

【英名】Rockhopper Penguin
【学名（および亜種）】
ミナミイワトビペンギン　*Eudyptes (chrysocome) chrysocome*
ヒガシイワトビペンギン *E. (c.) filholi*
キタイワトビペンギン *E. (c.) moseleyi*

体長　45〜55cm。3亜種に分けられるが、それぞれ別種として扱われることもある。1990年代には370万番いが繁殖すると見積もられたが、餌をめぐる漁業との軋轢や、温暖化によって営巣地周辺の餌資源の減少によって、個体数は漸減傾向にある。キタイワトビペンギンは他の2（亜）種より飾り羽が派手で長い。

● ヒガシイワトビペンギン
● ミナミイワトビペンギン
● キタイワトビペンギン

マカロニペンギン

【英名】Macaroni Penguin
【学名】*Eudyptes chrysolophus*

体長70cm。黄金に輝くおしゃれな"髪型"の伊達男ぶりから名づけられた。最大の個体数が繁殖を行うサウスジョージアでは、個体数をおおきく増やしているナンキョクオットセイと餌のナンキョクオキアミをめぐって競合する。全体で900万番い。ペンギンのなかでもっとも個体数が多い。

Anton Rodionov/Shutterstock.com

ロイヤルペンギン

【英名】Royal Penguin
【学名】*Eudyptes schlegeli*

体長70cm。マッコーリー島のみで85万番いが繁殖。主にオキアミやハダカイワシ類を捕食。冠羽ペンギン（マカロニペンギン属 *Eudyptes*）類のなかでは、マカロニペンギンとともに大型で、左右の飾り羽が額でつながる。マカロニペンギンに似るが、ロイヤルペンギンは頬と喉が白い。

Eudyptes

シュレーターペンギン

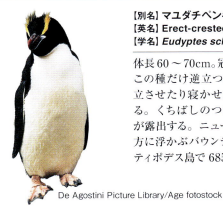

【別名】マユダチペンギン
【英名】Erect-crested Penguin
【学名】*Eudyptes sclateri*

体長60～70cm。冠羽ペンギン類のなかで、この種だけ逆立つような飾り羽は、直立させたり寝かせたりすることができる。くちばしのつけ根に白い皮膚が露出する。ニュージーランドの南方に浮かぶバウンティー諸島とアンティポデス島で68500番いが繁殖。

De Agostini Picture Library/Age fotostock

Tui de Roy/Minden Pictures/Age fotostock

フィヨルドランドペンギン

【別名】キマユペンギン
【英名】Fjordland Penguin
学名：*Eudyptes pachythychus*

体長55cm。生息するニュージーランド西南部に広がるフィヨルドランドは、高木が茂る温帯降雨林である。この密生する植生のなかのシダ類のなかや倒木の下で営巣。スネアーズペンギンに似るが、本種では目の下に白い羽毛のすじがある。現在5500～7000羽。

Tui de Roy/Minden Pictures/Age fotostock

スネアーズペンギン

【別名】ハシブトペンギン
【英名】Snares Penguin
【学名】*Eudyptes robustus*

体長50～60cm。ニュージーランド南方に浮かぶスネアーズ諸島が唯一の繁殖地である。この島じまは、スネアーズペンギンを代表とする多様な鳥類、植生の保護のために上陸が禁止されているが、近海で行われる漁業による餌資源の乱獲が懸念されている。およそ3万番いが営巣。くちばしのつけ根に、白い皮膚が露出する。

Penguin's Profile

Spheniscus

マゼランペンギン

【英名】Magellanic Penguin
【学名】*Spheniscus magellanicus*

体長70cm。南米大陸南部沿岸とフォークランド諸島で繁殖。繁殖期は目からくちばしにかけての露出した皮膚がピンク色になる。地面に穴を掘った穴に営巣。非繁殖期は外洋を回遊し、イワシやカタクチイワシなどの群集性の小魚を捕食。

South America / Falkland Is.

(N)

フンボルトペンギン

【英名】Humboldt Penguin
【学名】*Spheniscus humboldti*

体長70cm。ペルーからチリにかけての太平洋岸に分布。群集性の小魚を捕食するが、繁殖成功率はエルニーニョ（ペルー沿岸を中心に東部太平洋の水温が上昇）に大きく影響される。生息地の開発、餌をめぐる漁業との軋轢もあり個体数は減少、現在の推定個体数4万羽程度。

South America / Chiloe Is.

pruit phatsrivong/Shutterstock.com

(M)

ケープペンギン

【別名】アフリカペンギン、ジャッカスペンギン
【英名】African Penguin, Cape Penguin
【学名】*Spheniscus demersus*

体長：70cm。ベンゲラ海流に洗われる南アフリカとナミビア沿岸のみに生息。フンボルトペンギン属*Spheniscus*のペンギンたちに共通して、主に群集性の小魚を捕食するが、ときに頭足類もとらえる。原油の流出や餌になる魚の乱獲などによって個体数は減少、現在約5万羽が生息。

Africa / Namibia / South Africa

(N)

(M)

Spheniscus, Megadyptes, Eudyptula

ガラパゴスペンギン

Alfie Photography/Shutterstock.com

【英名】Galapagos Penguin
【学名】*Spheniscus mendiculus*

体長：53cm。ガラパゴス諸島のなかでも、西から流れるクロムウェル海流（p.63）による湧昇流が生じやすい諸島西部のフェルナンディナ島やイサベラ島周辺に多く繁殖。外来種による被害、漁業による混獲、エルニーニョ現象等によって個体数は減少。現在1200羽と見積もられている。

(N)

キガシラペンギン

【別名】キンメペンギン
【英名】Yellow-eyed Penguin
【学名】*Megadyptes antipodes*

体長66〜78cm。ニュージーランド南島南東部とスチュアート島、キャンベル島、オークランド諸島のみに分布。茂みのなかにある窪地に産卵する。外来種（オコジョやネコ）による被害や漁網による混獲などで個体数は減少し、現在の個体数6000〜7000羽。沖合で魚類やイカを捕食する。

Frank Fichtmueller/Shutterstock.com

コガタペンギン／ハネジロペンギン

Parer & Parer-Cook/Minden Pictures/
Age fotostock

コガタペンギン
【別名】フェアリーペンギン
【英名】Little Penguin, Blue Penguin
【学名】*Eudyptula minor*

ハネジロペンギン
【英名】White-flippered Penguin
【学名】*Eudyptula albosigna*

体長40〜45cm。この2種は以前は同種の亜種としてまとめられていた。ハネジロペンギンのほうがひとまわり大きく、フリッパーの白い縁どりの幅が広い。ハネジロペンギンはニュージーランド南島のバンクス半島とモトナウ島のみで繁殖。外来種による甚大な被害が懸念されている。

● コガタペンギン
● ハネジロペンギン

ymgeman/Shutterstock.com

157

あとがき

　私がはじめて野生のペンギンを観察したのはいまから 12 年前、アルゼンチンのバルデス半島だった。乾燥した大地を歩くマゼランペンギンはかなり場違いにも見え、「こんな場所にもペンギンはいるのか」と衝撃を受けたのを鮮明に覚えている。

　その後、南アフリカ、ガラパゴス諸島、フォークランド諸島、オーストラリア、ニュージーランドや亜南極の島じまへペンギンの観察に訪れたが、多くの場所に共通していたのが、一般に " ペンギン " という言葉からイメージする世界とは大きく違っていたことだった。

　ペンギンといえば、南極の生物というイメージが強いだろう。しかし、種としては、熱帯～亜南極にすむペンギンのほうが圧倒的に多い。また私が観察で訪れた場所も、バルデス半島のような乾燥した場所や、高温多湿な熱帯の海辺、温帯の森林など、雪や氷とはまったく縁のない世界だった。

*

　以前、フォークランド諸島でジェンツーペンギンを観察していたときのことだ。営巣地の近くで静かに座って観察していると、ヒナの一群が私の近くにやって来たことがあった。

　まるで「いったいどんな生物がやってきたのか」とでも言いたげに興味津々で私を眺めて、私が彼らを観察するというより逆に観察されている状況であった。最初は少し遠まきに私を見ていた彼らが、しだいにその距離を近づけ、最後は私が座る真横までやって来て、撮影機材や私をくちばしでつついて物色しはじめた。

　野生のペンギンが人を恐れず、これほど近距離で観察できることは思ってもいなかったので、これには仰天した。ペンギンに取りかこまれる幸福感を味わったのはいうまでもないが、同時にいままでの先入観がいかに実際とは異なっていたかを実感したのである。ちなみに、イワトビペンギンやロイヤルペンギン、キングペンギン等でも同様の行動を目撃しているから、好奇心の強い種類は案外多いのかもしれない。

*

　また、ペンギンは大集団で営巣、子育てをするイメージが強い。本書でも紹介したとおり、私自身、ロイヤルペンギンやキングペンギンの数万羽が集まった、壮大な営巣地を観察してきた。しかし一方では、コガタペンギンやマゼランペンギンは巣穴を掘って営巣するためか、少数の巣穴が集まった小規模な営巣地を構成するだけだし、キガシラペンギンにいたっては単独営巣しかしない。

　こうしてさまざまなペンギンを観察するなかで、世間一般にあるペンギンのイメージが崩れていくことも多かった。それはとりもなおさず、ペンギンの本当の姿があまり知られていないとも言えるのだろう。

　今回、世界各地のペンギンを一堂に紹介することとなったが、本書をきっかけに興味深いペンギンたちの真の姿に目をむけていただければ幸いである。

長野　敦

Eplogue

　私が南極や、フォークランド諸島やサウスジョージアなど亜南極の各地を訪れるようになって20年が
すぎた。こうした場所で観察し、撮影する主たる対象は、いうまでもなくペンギンたちである。この魅力
的な動物について、過去に作られてきた出版物は少なくないが、自然や動物の豊かな作品群が多くの写
真家によって量産される現在、できるだけ多くの写真家によって撮影された作品を集約する形で1冊の本
を編みたいと考えていた。
　写真の選択をはじめてみると、ニュージーランドと亜南極の島じま、マッコーリー島など、他の地域で
は見ることができないペンギンたちが生息する僻遠の地をたびたび取材している長野と、南極半島や
フォークランド諸島やサウスジョージアをたびたび取材してきた水口の写真をあわせつつ、私たちが撮影
していない場所、対象については世界の写真家の力を借りることで、現時点で考えうるもっとも充実した
ペンギンの写真集ができると考えるにいたった。それに、足寄動物化石博物館の安藤達郎先生、北海
道大学の綿貫豊先生から、それぞれご専門のテーマについてご寄稿いただくことで、数多くの写真とあ
わせてペンギンという魅力的な動物についての実像を浮き彫りにできたと確信する。
＊
　前著『世界で一番美しい　クジラ＆イルカ図鑑』でも書いたけれど、いまや地球上のあらゆる動物の
生態や自然の風景が、プロ、アマを問わず多くの写真家によって高画質の写真におさめられつづけ、ネッ
ト上にもあふれていることはご存知のとおりだ。
　しかし、ネット上にあふれる写真については、多くの場合閲覧者は、撮影者自身や彼らの考えかたに
接することができない。それは二重の意味で、問題をかかえている。ひとつは、著作権に代表される表
現者の権利や思想が重んじられないことであり、もうひとつはそれと表裏一体の関係にあるのだが、文
章にせよ写真にせよいかなる表現形態においてもともなうはずの、表現者の責任が明確にされないことで
ある。
　この「世界で一番美しい　○○シリーズ」は、これまで撮影されてきた野生動物や自然の写真を、将
来にわたって眺めつづけられ、語られつづける知的遺産として位置づけつつ、それぞれの作品の撮影者
への敬意とともに、野生動物を相手に撮影をつづける写真家たちが背負う責任を明確にしたいと考える
ものだ。
　それぞれの著作権者名は、それぞれの写真の横に記したが、長野、水口の写真については、記載の
煩雑さを避けるために、長野の撮影によるものには「N」、水口の撮影によるものには「M」を、キャプショ
ンのあとに付記した。貴重なご寄稿をいただいた安藤先生、綿貫先生をはじめ、写真をご提供いただい
た写真家の方がたに厚くお礼を申しあげる。

水口博也

水口博也　*Hiroya Minakuchi*

1953 年、大阪生まれ。京都大学理学部動物学科卒業後、出版社にて自然科学系の書籍の編集に従事。1984 年独立し、世界の各地で海洋生物を中心に撮影をつづけ、多くの著書、写真集を発表。近年は南極、北極など極地への取材も多い。1991 年、講談社出版文化賞写真賞受賞。2000 年、第 5 回日本絵本賞大賞受賞。著書に、『ペンギンの楽園』（山と渓谷社）、『クジラと海とぼく』（アリス館）『ぼくが写真家になった理由』『アマゾンのピンクドルフィン』（シータス）、『世界の海へ、シャチを追え！』（岩波書店）など多数。
http://www.hiroyaminakuchi.com

長野 敦　*Atsushi Nagano*

1975 年、奈良生まれ。京都大学大学院理学研究科修士課程修了。動物の非対称性をテーマに、大学では行動の左右差（利き手）について、大学院では体組織の左右差について研究を行う。現在は会社員として働くかたわら野生生物の撮影を行う。幼少から生物全般に興味を持ち、とくに魚類は幼少期から観察をつづけ、学生時代には独自で近畿圏内の淡水魚の生息分布調査も行う。2003 年より本格的に野生生物の撮影を開始。以降、中南米、オセアニア、亜南極、日本を中心に 50 か国以上で撮影を行う。

構成・編集・執筆————————　水口博也／長野 敦
寄稿執筆————————　安藤達郎（足寄動物化石博物館）
　　　　　　　　　　　　　綿貫 豊（北海道大学水産科学研究院）
ブックデザイン ————————　椎名麻美
プリンティング・ディレクション ————　佐野正幸

ネイチャー・ミュージアム
絶景・秘境に息づく
世界で一番美しいペンギン図鑑

2018 年 6 月 17 日発　行　　　　　　　　　　　　　　　　NDC480
2022 年 11 月 1 日第 4 刷

編著者　　　　水口博也　長野 敦
発行者　　　　小川雄一
発行所　　　　株式会社 誠文堂新光社
　　　　　　　〒 113-0033 東京都文京区本郷 3-3-11
　　　　　　　電話 03-5800-5780
　　　　　　　https://www.seibundo-shinkosha.net/
印刷・製本　　図書印刷 株式会社

©Hiroya Minakuchi,Atsushi Nagano.2018　　　　　　　　Printed in Japan

本書掲載記事の無断転用を禁じます。

落丁本・乱丁本の場合はお取り替えいたします。

本書の内容に関するお問い合わせは、小社ホームページのお問い合わせフォームをご利用いただくか、上記までお電話ください。

JCOPY ＜（一社）出版者著作権管理機構 委託出版物＞
本書を無断で複製複写（コピー）することは、著作権法上での例外を除き、禁じられています。本書をコピーされる場合は、そのつど事前に、（一社）出版者著作権管理機構（電話 03-5244-5088 ／ FAX 03-5244-5089 ／ e-mail:info@jcopy.or.jp）の許諾を得てください。

ISBN978-4-416-51867-0